新版
微化石研究マニュアル

尾田太良 ｜
佐藤時幸 ［編］

朝倉書店

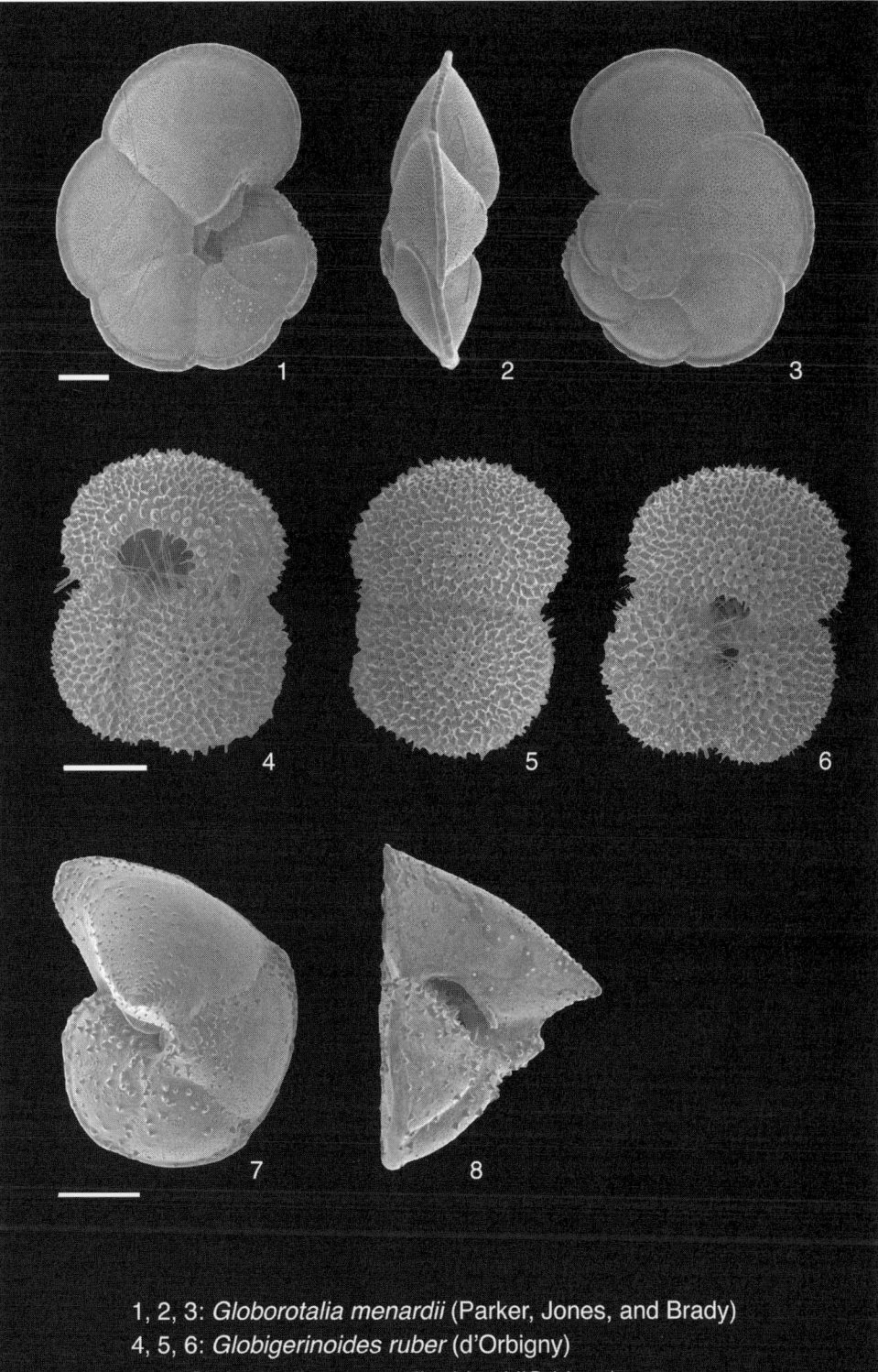

1, 2, 3: *Globorotalia menardii* (Parker, Jones, and Brady)
4, 5, 6: *Globigerinoides ruber* (d'Orbigny)
7, 8: *Globorotalia truncatulinoides* (d'Orbigny)
Scale bar: 100μm

有孔虫

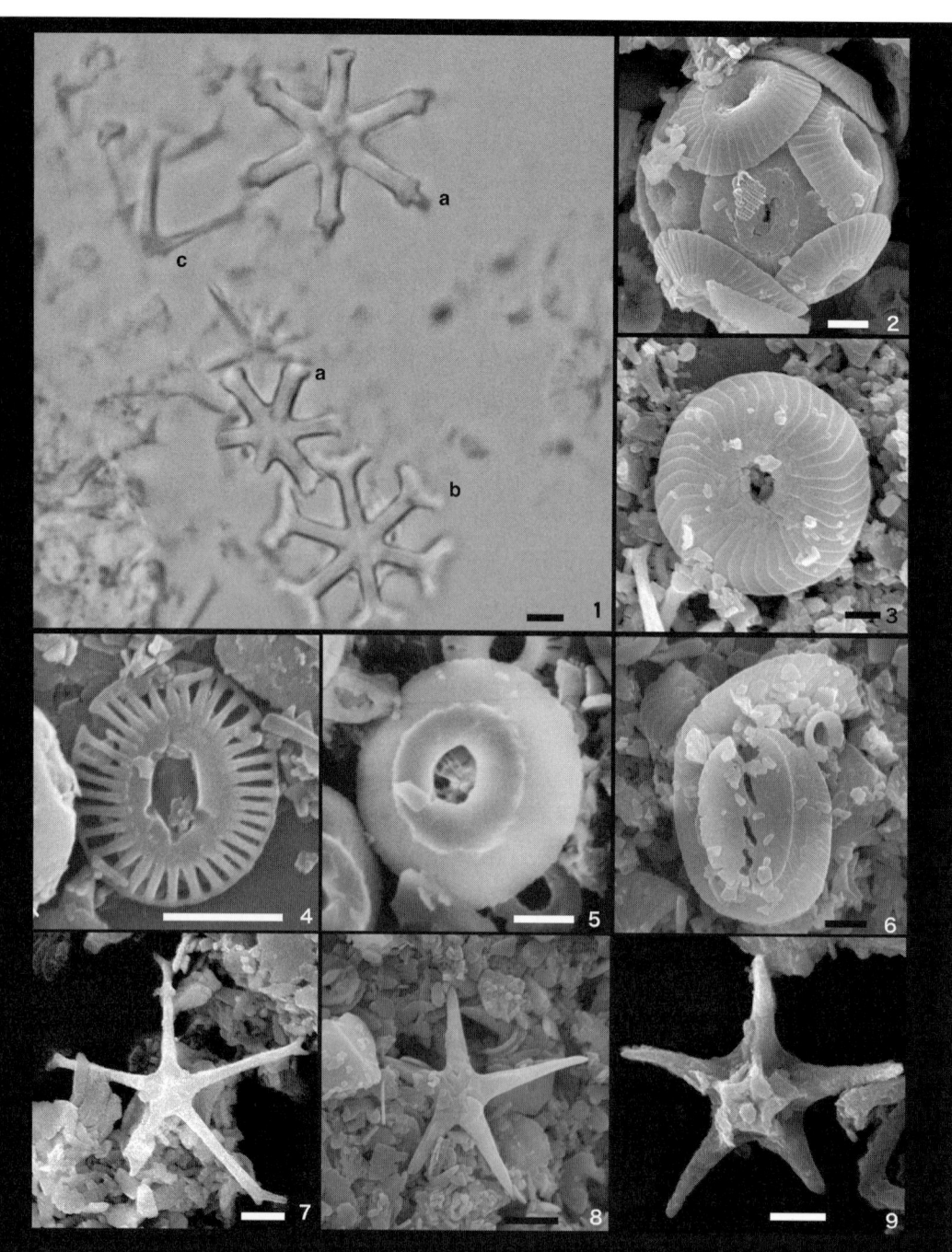

1. a. *Discoaster surculus* Martini and Bramlette, b. *Discoaster variabilis* Martini and Bramlette, c. *Discoaster pentaradiatus* Tan, 2. *Coccolithus pelagicus* (Wallich) Schiller, 3. *Calcidiscus macintyrei* (Bukry and Bramlette) Loeblich and Tappan, 4. *Emiliania huxleyi* (Lohmann) Hay and Mohler, 5. *Reticulofenestra asanoi* Sato and Takayama, 6. *Helicosphaera wallichii* (Lohmann) Boudreaux and Hay, 7. *Discoaster pentaradiatus* Tan 8. *Discoaster asymmetricus* Gartner, 9. *Discoaster berggrenii* Bukry.   Scale bar: 2 μm

石灰質ナンノ化石／プランクトン

1. *Krithe japonica* Ishizaki
2. *Callistocythere angulata* Okubo
3. *Schizocythere kishinouyei* (Kajiyama)
4. *Spinileberis quadriaculeata* (Brady)
5. *Aurila tosaensis* Ishizaki
6. *Bicornucythere bisanensis* (Okubo)
7. *Hemicytherura kajiyamai* Hanai
8. *Loxoconcha japonica* Ishizaki
9. *Xestoleberis hanaii* Ishizaki

scale bars = 0.1 mm

貝形虫

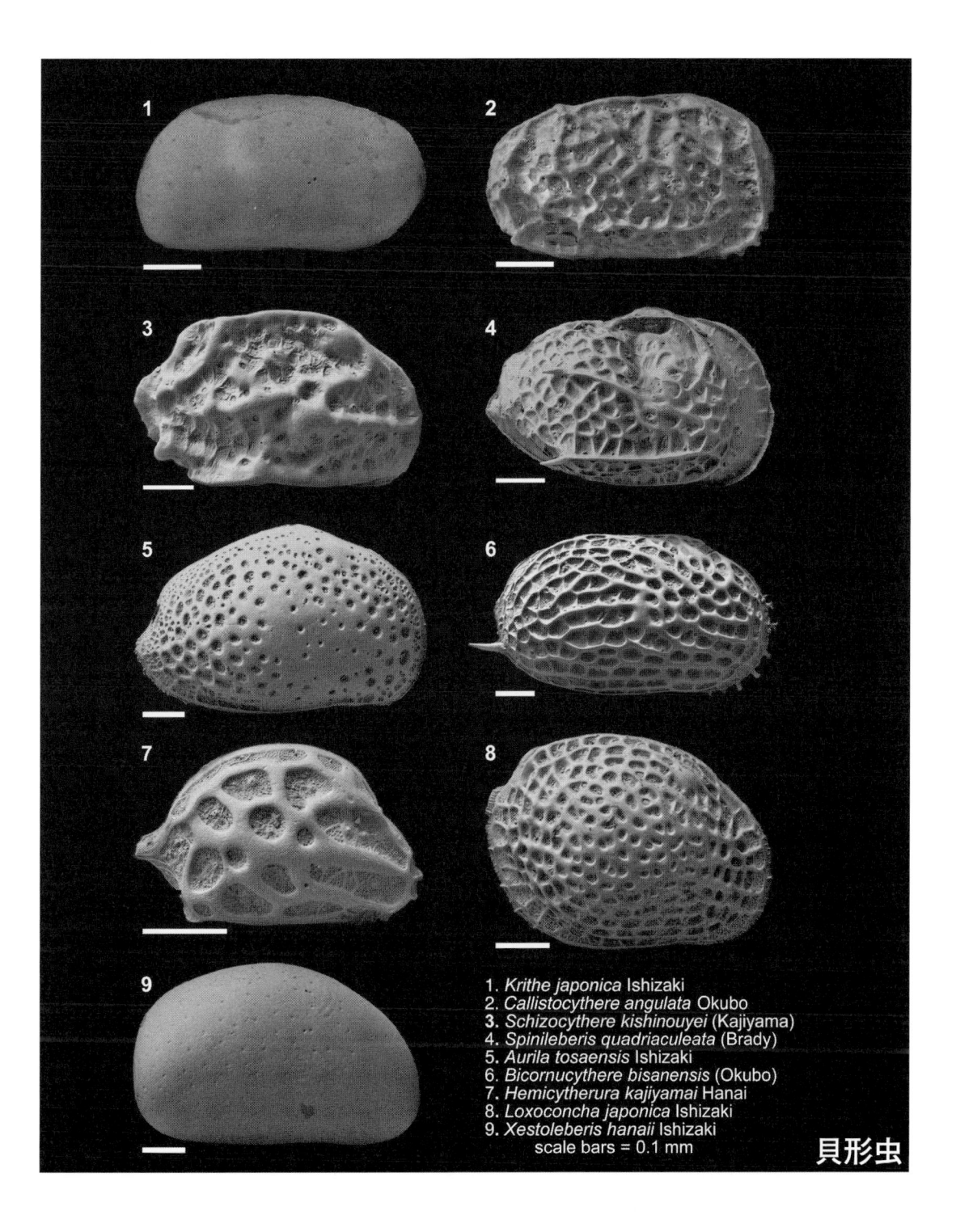

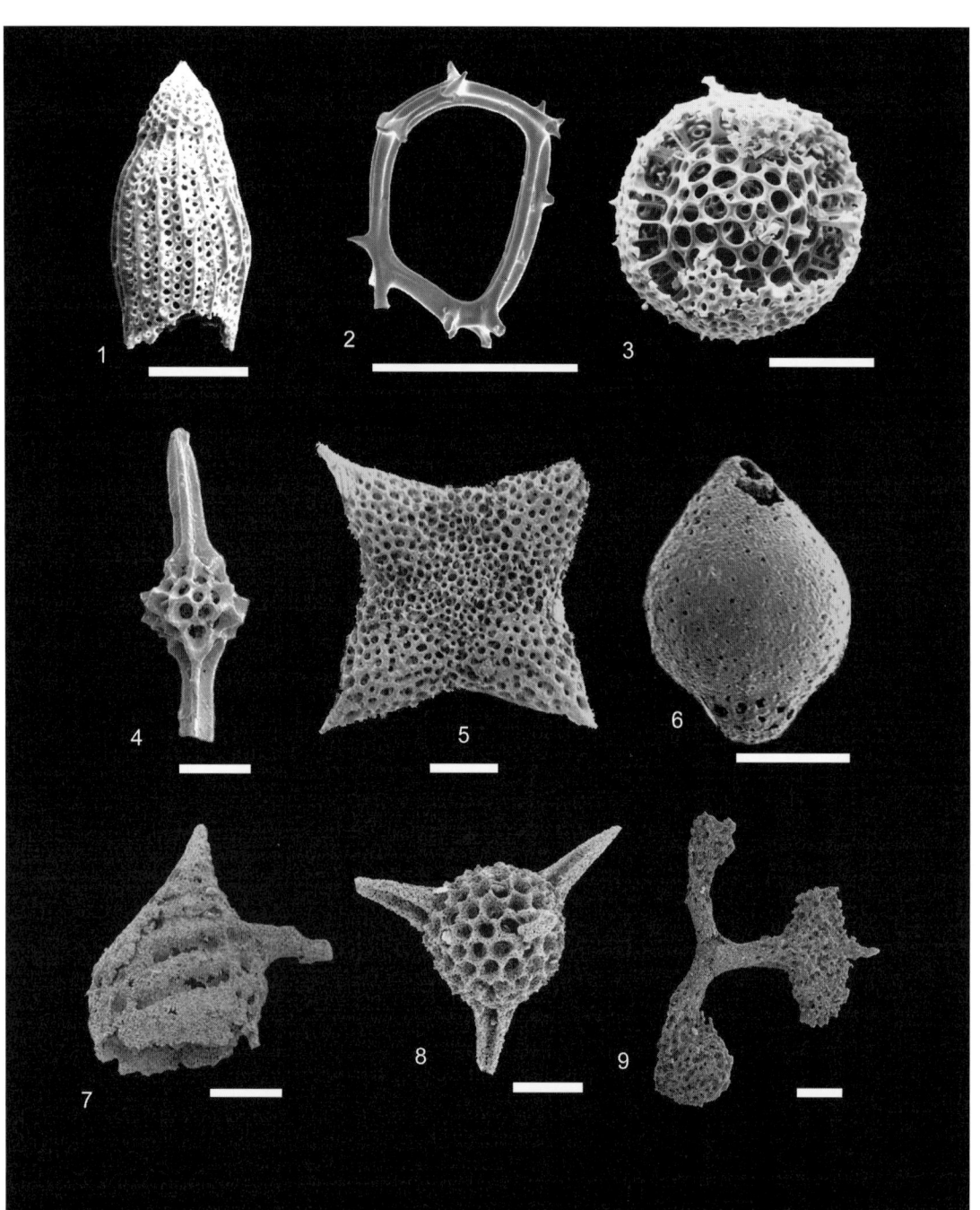

Order:
1, 2, 6. NASSELLARIA, 3, 4, 5. SPUMELLARIA, 7. ALBAILLELLARIA, 8. ENTACTINARIA
9. LATENTIFISTULARIA (1-3: Cenozoic, 4-6: Mesozoic, 7-9: Paleozoic, Scale bar: 50μm)

放散虫

はじめに

　微古生物学には，堆積物に残される標本の豊富さ，特に海洋生物について高精度な時間軸のもとでの化石記録を得られたり，統計解析ができたりといった特徴がある．これまで微古生物学は，陸上や海底堆積物の生層序や生物年代学の研究に大きな役割を果たしてきた．一方，近年の微古生物学には古海洋学・古気候研究や環境プロキシー研究，また化石となった生物の生活環境など生物科学の視点からの研究も求められるようになり，現在の海洋での試料の採取も活発に行われるようになってきている．それに伴い，若手の研究者の育成が求められるようになった．

　このような背景のもと，編者の尾田が中心となって微化石サマースクールが企画された．第1回の微化石サマースクールでは，4タクサ（有孔虫，石灰質ナンノ，放散虫，珪藻化石）の専門家が講義と実習を行った．発足時の講師陣は，尾田太良・山崎誠（有孔虫），佐藤時幸（石灰質ナンノ），相田吉昭・鈴木紀毅（放散虫），丸山俊明（珪藻），山田努（同位体）で，彼らの地道な努力によってこのサマースクールを立ち上げることができた．その後，いくつかの大学で持ち回りで，毎年複数の専門家が講師を務め，全国から募った参加者（学生・院生および初学者）を対象に講義と実習を行ってきた．本書『新版微化石研究マニュアル』はこれらの講義・実験内容を整理し，さらに詳細な内容を加えたものである．なお本サマースクールは，現在「J-DESC コアスクール」微化石コースとして引き継がれ，昨年第10回を迎えたところである．

　1978年に出版された『微化石研究マニュアル』（高柳洋吉編，朝倉書店）は，もっぱら対象を微化石に限り，微化石試料の野外における採集から始まって，実験室での処理・観察・記録の解析と表示に至る一連の過程を解説している良書である．微古生物学を志す若手にとってよい手引書であったが，残念ながら現在すでに絶版となっている．今回，執筆者の1人であった編者の尾田によって，旧版の意図するところをふまえつつ，近年の多岐に分化した研究内容に沿うように改訂し，『新版微化石研究マニュアル』の刊行となった次第である．特に今回は，試料の処理手順に即した写真を添えるなどして，初学者の助けとなるよう心がけた．旧版と同様に，野外から室内作業に至る一連の過程で，本書を座右に備えて参考にして頂ければ幸いである．さらに，これから微古生物学を志す人たちには野外・室内における基本的かつ最新の研究手法の手引書として，また微古生物学に興味を抱く人たちには入門書として役に立てればと願っている．

　以下，本書ではどのような点に力を置いた構成になっているかを簡単に解説する．本書は試料採取の第1章から始まり，第2章の試料処理と標本の作製，第3章の顕微鏡の基本構造，第4章の各微化石の観察法，第5章のスケッチと写真撮影，第6章のデータ処理，および第7章の同位体分析・化学分析までの全7章よりなる．これらの章立ては，一般的な微化石研究の流れ，すなわち，試料の採取に始まり，試料の処理，引き続く顕微鏡による観察と標本の写真撮影，調査結果のデータ処理法までを順にわかりやすく解説している．さらに本書の大きな特徴としては，ピストンコアラーやグラビテ

ィコアラー，マルチプルコアラーなどによる海底堆積物の採取，プランクトンネットなどによる現生試料の採取，近年若手研究者が多数参加するようになった統合国際深海掘削計画（IODP）で採取されたコアからの試料採取など，海洋や海洋堆積物を対象とした調査/研究に多くのページが割かれていることが挙げられる．同様に，微化石の殻を使った同位体分析や化学分析などにもページを割き，現在多くの微化石研究者，古海洋学研究者が行っている研究手法の基礎を網羅するなど，初学者にもわかりやすく解説している．また，本のサイズはB5判にし，内容も写真や図を多く活用して，実験室などで手軽に活用できるよう工夫した．

　本書が完成するまでには多くの方々の協力があったが，第1回微化石サマースクールの立ち上げにご尽力をいただき，貴重な助言を賜った酒井豊三郎・丸山俊明両氏と高柳洋吉先生に，10回も連続して続いてきたサマースクールの講師陣（秋元和実・石田桂・井龍康文・岩井雅夫・加藤道雄・亀尾浩司・谷村好洋・西弘嗣・根本直樹・長谷川四郎・R. Schiebel・S. Obrocta）の各氏に，分担執筆者諸氏とともに御礼を申し上げる．また本書が誕生するまで絶えず激励をして下さった朝倉書店編集部に感謝の意を表したい．

　2013年7月

尾田太良・佐藤時幸

編　集　者

尾田太良	東北大学名誉教授
佐藤時幸	秋田大学大学院工学資源学研究科

執　筆　者

佐藤時幸	秋田大学大学院工学資源学研究科
千代延俊	地球環境産業技術研究機構
秋葉文雄	珪藻ミニラボ
木元克典	海洋研究開発機構
堂満華子	滋賀県立大学環境科学部
須藤齋	名古屋大学大学院環境学研究科
山崎誠	秋田大学大学院工学資源学研究科
田中裕一郎	産業技術総合研究所
鈴木紀毅	東北大学大学院理学研究科
入月俊明	島根大学総合理工学部
神谷隆宏	金沢大学理工学域自然システム学類

[執筆順]

目　　　次

1. 試料採取 ··· 1
   1.1 地表試料 ·· 1
      1.1.1 有孔虫化石・石灰質ナンノ化石・貝形虫化石 ················[佐藤時幸・千代延俊]·· 2
      1.1.2 珪質微化石 ··[鈴木紀毅・秋葉文雄]·· 4
   1.2 海底試料 ·· 5
      1.2.1 ピストンコアラー・グラビティコアラー・マルチプルコアラー ············[木元克典]·· 5
      1.2.2 グラブ採泥器 ··[堂満華子]·· 8
   1.3 現生試料 ·· 9
      1.3.1 プランクトンネットによる浮遊性有孔虫・放散虫の採取 ·····················[木元克典]·· 9
      1.3.2 石灰質ナンノプランクトンの採取 ···[千代延俊]·· 15
      1.3.3 珪藻の採取 ···[秋葉文雄・須藤齋]·· 15
   1.4 IODP試料 ··[千代延俊]·· 16
   1.5 石油坑井試料 ···[佐藤時幸]·· 17

2. 試料処理と標本の作製 ··· 20
   2.1 有孔虫・貝形虫 ···[山崎　誠・堂満華子]·· 20
      2.1.1 未固結堆積物試料 ··· 20
      2.1.2 固結堆積物試料 ··· 21
   2.2 石灰質ナンノ化石 ·· 27
      2.2.1 化石試料の処理 ··[千代延俊・佐藤時幸]·· 27
      2.2.2 現生石灰質ナンノプランクトン（円石藻）試料 ·············[田中裕一郎・千代延俊]·· 30
   2.3 放散虫 ···[鈴木紀毅]·· 32
      2.3.1 未固結堆積物～固結岩石 ··· 32
      2.3.2 硬質岩石 ··· 35
      2.3.3 現生試料 ··· 35
   2.4 珪藻 ···[秋葉文雄・須藤齋]·· 37
      2.4.1 簡易処理法 ··· 37
      2.4.2 標準処理法（薬品処理法） ··· 39
      2.4.3 標本作製 ··· 42

3. 光学顕微鏡・電子顕微鏡の基本 …………………………………………… 44

3.1 光学顕微鏡の基本構造 ………………………………………………… 44
 3.1.1 透過型生物顕微鏡 …………………………………………［佐藤時幸］‥ 44
 3.1.2 落射蛍光顕微鏡 ……………………………………………［鈴木紀毅］‥ 49
 3.1.3 双眼実体顕微鏡 ……………………………………………［入月俊明］‥ 50

3.2 電子顕微鏡 ………………………………………………………………［鈴木紀毅］‥ 51
 3.2.1 透過型電子顕微鏡 ……………………………………………………… 51
 3.2.2 走査型電子顕微鏡 ……………………………………………………… 51
 3.2.3 良好画像の撮影 ………………………………………………………… 52
 3.2.4 3D写真の撮影方法 …………………………………………………… 54

4. 微化石の観察 …………………………………………………………………… 56

4.1 有孔虫 ……………………………………………………［山崎　誠・堂満華子］‥ 56
 4.1.1 有孔虫の形態と分類 …………………………………………………… 56
 4.1.2 観察 ……………………………………………………………………… 58

4.2 石灰質ナンノ化石 ………………………………………［佐藤時幸・千代延俊］‥ 58
 4.2.1 石灰質ナンノ化石の基本的な用語と分類 …………………………… 58
 4.2.2 偏光顕微鏡での観察 …………………………………………………… 59
 4.2.3 群集観察での注意 ……………………………………………………… 60

4.3 貝形虫 ……………………………………………………［入月俊明・神谷隆宏］‥ 61
 4.3.1 殻形態 …………………………………………………………………… 61
 4.3.2 殻の内側構造 …………………………………………………………… 62

4.4 放散虫 …………………………………………………………………［鈴木紀毅］‥ 65
 4.4.1 観察 ……………………………………………………………………… 65
 4.4.2 分類（高次レベルと種レベル）の原則 ……………………………… 66

4.5 珪藻 ………………………………………………………［秋葉文雄・須藤　齋］‥ 68
 4.5.1 殻構造 …………………………………………………………………… 68
 4.5.2 観察 ……………………………………………………………………… 70

5. スケッチ・写真撮影 …………………………………………………［鈴木紀毅］‥ 72

5.1 スケッチ法 ………………………………………………………………………… 72
5.2 写真撮影法 ………………………………………………………………………… 73
5.3 デジタル画像処理 ………………………………………………………………… 76
5.4 電子入稿用画像 …………………………………………………………………… 77

6. データの処理 …………………………………………………………［鈴木紀毅］‥ 79

6.1 相対産出頻度の数理的性質と現存量 …………………………………………… 79
 6.1.1 相対産出頻度 …………………………………………………………… 79

6.1.2　現存量 ……………………………………………………………………… 80
　6.2　検 鏡 方 法 ……………………………………………………………………… 81
　6.3　データの整理と図による表示方法 …………………………………………… 82
　　　6.3.1　産出表 ………………………………………………………………… 82
　　　6.3.2　図による表示法 ……………………………………………………… 83
　6.4　解析対象のスクリーニング …………………………………………………… 84
　6.5　基礎統計解析（広義）………………………………………………………… 87
　　　6.5.1　パラメトリック法（狭義の基礎統計）…………………………… 87
　　　6.5.2　ノンパラメトリック法 ……………………………………………… 89
　　　6.5.3　頻出する間違った統計解析 ………………………………………… 89
　6.6　多変量解析 ……………………………………………………………………… 89
　　　6.6.1　相互依存変数解析 …………………………………………………… 90
　　　6.6.2　基準変数解析 ………………………………………………………… 91
　　　6.6.3　高度解析 ……………………………………………………………… 92
　6.7　古生物学でよく使う数値指標 ………………………………………………… 93
　6.8　古生物データ解析ソフトウェア ……………………………………………… 94

7. 同位体分析・化学分析 ……………………………………………［木元克典］‥ 95
　7.1　基本的な処理方法 ……………………………………………………………… 95
　7.2　微量元素分析のための有孔虫骨格のクリーニング ………………………… 96
　　　7.2.1　金属酸化物の除去（還元処理）…………………………………… 97
　　　7.2.2　有機物の除去（酸化処理）………………………………………… 97
　7.3　放射性炭素（^{14}C）年代測定のための有孔虫骨格クリーニング ……… 98
　7.4　化学分析を行う際の注意点 …………………………………………………… 98

参 考 文 献 ……………………………………………………………………………… 101

付録・付表 ……………………………………………………………………………… 103

索　　　引 ……………………………………………………………………………… 109

1 試料採取

微化石研究の目的は，地質年代の決定や対比，古海洋環境の変遷解明など様々であり，調査試料の採取にはそれぞれの目的に応じた採取法と採取計画が必要である．すなわち，試料の採取間隔をみても数 mm 間隔の場合から 10 m 間隔の場合まで目的によって様々であるほか，単に試料採取の方法でも，石灰質微化石は風化によって殻が容易に溶解するため露頭*の新鮮面*を出す必要があるなど，多くの注意が必要である．ここでは，地表試料，海底コア試料，現生試料および石油鉱業などの探査試錐試料について，試料の採取法を紹介する．

用語
露頭　植生や土壌に覆われることなく，岩石が露出している場所のこと．

1.1 地表試料

解説
岩石が「新鮮」？
風化による変質や汚れがない岩石を「新鮮である」といい，新鮮な部分が出ている面を「新鮮面」と呼ぶ．

[試料採取の許可申請]　地表試料の採取は，地層が連続で露出している必要があることから沢や川沿いで採取する場合が多いが，ときには道路沿いや民家の裏での採取を行う場合もある．この際に最も注意しなければならないのが土地の所有者の許可を得ることであり，許可を得ないまま試料採取したためにトラブルが発生した例も少なくない．さらに，世界遺産はもちろん，国立公園や国定公園などでの試料採取は自然公園法などで固く禁止されており，採取のためには正式な届け出・許可が必要である．国立公園内における試料採取の場合は，環境省所管の地方環境事務所へ許可申請を提出する．国定公園や県立公園の場合は，各都道府県庁内にある自然保護課などの担当部署に連絡すると，申請方法などについて詳しく教えてもらうことができる．一般に，申請では試料採取の具体的目的（学術的にいかに重要であるかを記述），地形図や写真で示した採取位置やルート，試料採取方法と使用器具，1 回の採取量，採取後の土地の形状，採取跡の取り扱いなどを詳細に記述する．

いずれにしても，許可が必要ない場合も含め試料を採取しようとする場合は，調査する地域の地元の理解が必要である．

用語
岩相　堆積岩の組成，粒度，堆積構造などによって規定される，岩質（岩石の性質・特徴）のこと．

[ルートの設定と試料採取間隔]　地表試料の採取では，目的に応じた試料採取計画を立てる．一般に，各地層の地質年代を決定する場合は指標となる種の層位学的な産出下限，上限を明確にすることが必要なため，地層が連続して露出するような条件のよいルートを調査ルートとして設定する．地層の岩相*調査と同時に，層位間隔 10 m 前後を目安に下位層準から上位層準まで順次採取し調査試料とする．基準としたルートの一部で露頭が大きく欠除する場合は，近隣のルートで欠除層準を補填するが，その場合鍵層*などを追跡してルート間の正確な層序*対比を行うこ

用語
鍵層　他の地層とは明確に識別でき，分布が広く，かつ（ほぼ）同時に堆積したと考えられる地層のこと．地層の対比に有用である．

用語 層序　地層の連なりの順序のこと．

用語 乱泥流・タービダイト　海底・湖底で，浅い場所の堆積物が地すべりなどによって深い場所へ運搬されることがある．そのときに起こる流れを乱泥流（または混濁流）と呼び，形成される堆積物をタービダイトと呼ぶ．

用語 再堆積　いったん堆積した堆積物が，最初の場所から運搬された後，再び堆積すること．

用語 ミランコヴィッチサイクル　地球の軌道要素（公転軌道の離心率・地軸の傾斜角・歳差運動）の長期変動の周期のこと．気候変動に明瞭に表れるため，堆積物や微化石にも影響を与えている．

とが必要不可欠である．タービダイト*砂岩と泥岩の互層のような岩相の場合は，タービダイトが再堆積物*であることから，それを除いて採取する．ただし，タービダイト砂岩の起源を明らかにすることを目的とする場合はその限りではない．

一方，第四紀のミランコヴィッチサイクル*を対象とした研究などでは，1000～5000年間隔など目的に応じた時間分解能を基準に試料採取計画を立てる．その際，地層の年代決定に基づいた堆積速度から目的とする層位間隔を求め採取する．近年では，このような1000年オーダーでの高精度解析の例も多い．ただし，cm単位のような細かな試料採取では，生物擾乱*の影響もあるため配慮が必要である．

[試料採取時の安全対策]　山における試料採取時には安全対策が必要である．例として，①ヘルメットの着用，②肌を出さないような服装，③カッパなど雨天時の対策，④十分な水・食料，⑤天候情報の収集と増水対策，⑥上流側のダムの有無と放水情報，⑦鈴や発声による熊対策，⑧ヤマヒルや毒蛇の識別と対策など，十分な危機管理をしておかなければならない．

ヤマヒル地帯では，ヤマヒルが植物などに多量に生息しているため，むやみに植物に触れないこと，衣類に隙間をつくらないこと，5～10分ごとに同行の調査者とでヤマヒルの付着の有無を確認しあうことなど，様々な注意が必要である．ヤマヒル忌避剤（スプレーなど）もある程度は有効であるが，水に入ると流れてしまう場合もあるので，十分な注意は欠かせない．同様に，マムシやヤマカガシ，琉球列島におけるハブなどの毒蛇については，図鑑などで十分にその特徴を把握しておく必要がある．熊対策としては，鈴などを持ち歩くことや，数分ごとに大声で奇声（ホーッ！と大きな声で叫ぶ）を発しながら調査するのも有効である．その他，最近ではスズメバチの被害も多く，黒服を避けるなどの注意が必要である．このように，調査時の対策には十分な予備知識と事前の危機管理が必要であることはいうまでもない．

川底がシルト岩などのようなルートでの試料採取は，滑りやすく転倒する例もあり，細心の注意が必要である．こういった場合は，靴底にピアノ線が入ったスパイク地下足袋が便利である（図1.1）．靴底から垂直に延びた短いピアノ線が川底の泥岩に刺さることによって，滑り防止になる．一方で火山岩類など硬い岩石の露出地域では脚に負担がかかるため不向きであるが，地下足袋の中にクッションを入れて負担を軽減するのも1つの方法である．スパイク地下足袋はホームセンターなどで購入できる．

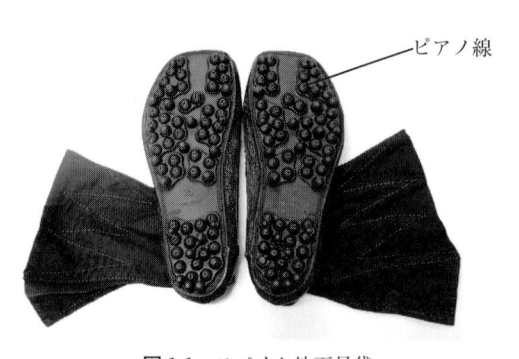

図1.1　スパイク地下足袋

1.1.1　有孔虫化石・石灰質ナンノ化石・貝形虫化石

有孔虫化石や石灰質ナンノ化石，貝形虫化石などの石灰質微化石は，風化による殻の溶解がしばしば認められる．特に日本海側の地表に分布する鮮新統～更新統の

用語 生物擾乱　堆積物の構造が，生物の行動

1.1 地表試料

図 1.2 つるはしを用いた試料採取の一例

図 1.3 試料採取に用いる携帯用コアラー

によって破壊・変形・付加を受けること．

多くは風化が著しく，一見新鮮な試料に見えても殻の溶解が進んでいる場合が多い．したがって，試料採取に際しては露頭表面，砂岩と泥岩の境界部，岩石の割れ目などの風化部分を避け，つるはしやタガネを使って新鮮面を露出させることに心がける（図1.2）．貝化石などが保存されているような場合は，石灰質微化石も溶解せずに保存されている場合が多いため，貝化石の保存状態を目安にするのも1つの手段である．採取する試料はシルト岩，泥岩，および浅海性の砂岩や砂質シルト岩などである．有孔虫化石では保存用も含め新鮮面からこぶし大程度（100 g 程度），貝形虫の場合はその3倍程度の量を採取する．石灰質ナンノ化石は10 g 程度の量で十分であるため，携帯用コアラーで新鮮面を採取するのも1つの方法である（図1.3）．コアラーを使用する場合，コアリング用の水が必要なため，数人での作業となる．その際，川沿いでの採取の場合はそれほどの問題はないが，道路沿いなど水がすぐに手に入らないようなルートでは水タンクを利用する．コアラーは1カ所の採取ごとに洗浄し，試料の汚染を防ぐことに心がける．炭酸塩岩*の場合，サンゴの骨格など硬質部を除き，石灰質軟泥や孔隙を埋める軟質岩などを対象とする．

用語

炭酸塩岩 方解石・アラレ石・ドロマイト（苦灰石）などの炭酸塩鉱物が，50 wt％以上を占める岩石のこと．

採取した試料は，他の試料との汚染に注意し，試料番号を付した厚手のビニール袋に入れる．ビニール袋への記入には，赤や青マジックは経年変化で文字が消える場合があるため，黒マジックを使用する．試料番号のつけ方には，日付と番号を組み合わせる方法とルートの名前を基準にする方法がある．前者は，例えば2011年6月12日の3番目の採取地点の場合，2011061203と記す．後者の場合は，例えば相川ルートの5番目の試料とすると，AIW-05 などのように記入する．前者は番号が長すぎる欠点があるのに対し，後者は単純化されて使いやすいものの，以前の調査での類似したルート名と混同するおそれがあり注意が必要である．ビニール袋については，薄手の場合は運搬中に切れて試料の汚染が起きる場合があり，逆に硬質のものは試料の角で簡単に切れる場合があるため，用途にあった適度な厚さのものを準備するのが望ましい．石灰質ナンノ化石はわずかな試料に大量の個体を含むため，汚染に対しての注意が特に必要である．

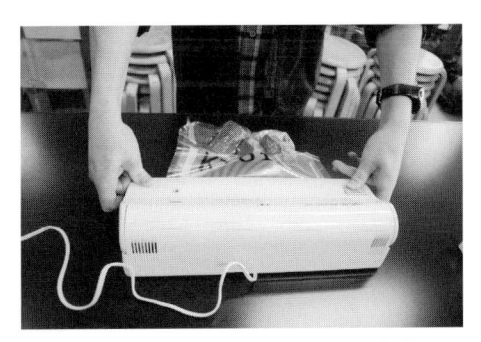

図 1.4 脱気真空包装機を用いた試料保管例

研究室での試料の保管においては，経年変化で石灰質殻が溶解した例が多くある．このような風化による微化石の溶解を防ぐために，試料によっては食品保存用の真空パック装置などを用いて密封保存する方法もある（図 1.4）．

［佐藤時幸・千代延俊］

1.1.2　珪質微化石

a.　放散虫化石

放散虫が得られやすい岩石は，チャート，珪質泥岩，凝灰質岩*，泥岩，ノジュール*（石灰質，リン酸塩質，炭酸マンガン質），半遠洋性石灰岩，極細粒～細粒砂岩，珪藻質砕屑岩*類である．一方，中粒～粗粒砂岩，礫岩，破砕・粉砕された岩石，礁性石灰岩からはほとんど得られない．また地質時代にかかわらず，ノジュールからは極めて保存のよい放散虫が得られることがあるので，積極的に採取するようにする．

新生代の放散虫抽出用の試料採取は，石灰質微化石の試料採取と基本的に同じである．付加複合体*や古生界では，チャートや珪質泥岩から放散虫が多産するが，層状チャートでは単層十数枚で，珪質泥岩では層厚数 m で放散虫化石帯の 2～3 帯にわたることが多い．チャートや珪質泥岩からは，上下の単層の岩片が混じらないように注意しつつ，親指大からこぶし大の試料を採取し，現場で親指大～くるみサイズに細かく割る．付加年代の推定を目的とする場合，チャート層の基底部，層状チャートと珪質泥岩の漸移部，珪質泥岩と泥岩の漸移部，泥岩と細粒砂岩との漸移部で層厚にして数十 cm 間隔でサンプリングする．細かいサンプリングとなるので，特に重要な露頭では試料を採取した部分にマーカーを置いて撮影し，再サンプリングに備える．

［鈴木紀毅］

b.　珪藻化石

珪藻化石は世界的にはジュラ紀から出現しているが，日本では種の同定のできる珪藻化石の産出は漸新世以降であり，特に中新世以降の堆積物に多産する．地域的には，海生珪藻化石を含む古第三系・新第三系の海成層は，ほぼ関東以北の東北日本および北海道に広く分布しており，続成作用*の影響の少ない堆積速度の小さな堆積盆*や大きな堆積盆の縁辺部には豊富に産出する．一方，淡水生珪藻化石を含む第四系の陸成層は，西日本に広く分布する傾向にある．

珪藻分析に適する岩相は，未固結岩，または爪やハンマーなどで傷がつく程度の硬さの泥岩やシルト岩である．若い*層準などでは，細粒砂岩などにも珪藻が含まれることがある．珪藻は海水，汽水および淡水のいずれにも生息していることから，淡水生珪藻化石の産出を期待できる炭質泥質岩，泥炭，亜炭なども採取対象となる．

珪藻化石は風化に強い反面，続成作用に弱いので，一般には硬質頁岩などの硬い泥質岩には珪藻化石が含まれない．しかし，硬質頁岩などに含有されることのある石灰質ノジュールには，特別に保存良好な珪藻化石が含まれることがある．石灰質

用語　凝灰質岩　火山灰を含む岩石のこと．

用語　ノジュール　堆積物中で硬化している塊状の部分のこと．形状としては，球状・レンズ状・棒状などがある．

用語　砕屑岩　もとの岩石が浸食されてできた砕屑物が，運搬・堆積作用を受けた後，岩石化されたもの．

用語　付加体　プレート境界の沈み込み帯において，海側のプレートが陸側のプレートの下に沈み込む際，海側プレート上の堆積物がはぎ取られ，陸側プレートに付加された構造体．

用語　続成作用　堆積物が固化・岩石化する際に受ける様々な変化のこと．主に圧密・置換・結晶化などが挙げられ，通常風化・変成は含まれない．

用語　堆積盆　堆積作用が起こり，地層が形成される場のこと．盆

状の地形で進行することが多いため，堆積「盆」と呼ばれる.

解説

地層の新旧 年代を考慮して地層に言及する際，「古い」に対し，「新しい」だけでなく「若い」という表現もしばしば用いられる.

ノジュールは地層からの取り出しや運搬が困難な場合も多いので，現地であらかじめ細かく砕いて採取すると楽になる.

珪藻化石の含有量や保存度は岩相や風化の微妙な違いなどによって大きく変化する場合があるので，できるだけ多くの地点から試料を採取して，それらの中から良好なものを選んで分析するようにしたい．地質調査では露頭の新鮮な面を出して観察するが，そのときの破片は珪藻用試料として利用できる．小袋に入れた試料を20個位までポケットに詰め込んで，随時リュックに入れることで，岩相を観察した数だけの試料を採取することもできる.

珪藻試料の処理量は通例1〜2g程度なので，小指の先程度の堆積物があれば十分であるが，再処理や永久保存を考慮し数十g程度を採取する．泥質〜シルト質の細粒砂岩など粗粒な堆積物についてはやや多めに採取して，泥質分を濃集する.

試料採取に際して，現生種による汚染の除去と試料どうしの混合の防止には細心の注意を払う必要がある．海岸や河床，湿った露頭面はいうまでもなく，道路脇の乾燥した露頭などですら，その表面には無数の現生着生型の珪藻が繁茂して付着していることが多いので，試料の表面を削って取り除く必要がある．また，わずか爪楊枝の先ほどの泥にも数千個体オーダーの珪藻化石が含有されている場合が多いので，試料採取後にはハンマーなどについた泥をふき取って，次の試料に混入しないように注意する.

採取する試料は，新鮮なものに越したことはない．しかし，非晶質オパールでできている珪藻化石は風化にはとても強いので，表面の汚染部分を除去すれば，風化した試料でも分析には何ら問題がない．むしろ風化した試料のほうが，粒子が分離しやすい場合もある．また，新鮮な露頭が長い区間にわたって欠如しているような場合には，風化した岩石や表土下の砕石なども，その産状を記録しておくことによって，データの空白部分を補填する試料として利用可能である． [秋葉文雄]

1.2 海底試料

1.2.1 ピストンコアラー・グラビティコアラー・マルチプルコアラー

ピストンコアラー（図1.5）やグラビティコアラーは，最上部に350〜1500 kg程度の重錘を装着した8〜12 cm程度の太さの金属製パイプを堆積物中に貫入させ，海底堆積物を円柱状に採取する装置である．これらのシステムによる採泥では鉛直方向に長い堆積物を採取でき，長時間スケールの古環境変動を研究する目的に用いられる.

a. ピストンコアラー

ピストンコアラーは，重錘，ステンレス（あるいは鉄）パイプ，天秤，パイロットコアラー，メインワイヤー，パイロットワイヤーから構成される（図1.6）．オペレーションは以下の通りである．コアラーの重錘（約350〜1500 kg）とバランスをとっている，パイロットコアラーと呼ばれる約50 kgの重錘が最初に海底面に着

底する．ワイヤーのテンションが緩むとトリガー（離脱装置）が働き，コアラーは海底面から数 m の高さから自由落下によって堆積物中に貫入する．コアバレル（円柱の管）の下部先端部分に装備されたピストンに接続されたワイヤーは，コアラー落下時にピストンが常に海底表面に留まるように長さが調整されている．コアラーのみが海底堆積物に貫入し，ピストン部分は常に堆積物表面に留まることで，吸引による擾乱が起きにくいようになっている．コアバレルには可塑性の高いアルミニウム（ジュラルミン合金）あるいはステンレス，鉄などが用いられる．堆積物はコアバレル内にあらかじめ挿入されたアクリルまたは塩化ビニル製の透明なインナーチューブに入るため，そのインナーチューブをコアバレルから引き抜くことにより，堆積物を柱状で回収することができる．このようにピストンコアラーは，長い柱状堆積物を採取する目的に向く．一方で，堆積物の表層部分がコアラー貫入時の衝撃により数～数十 cm 程度欠損してしまう場合がある．このため底質表層堆積物の採取では，表層を乱さずに採取できるグラブ採泥器やボックスコアラー，マルチプルコアラーなどの採泥器を用いるのが一般的である．

図 1.5　ピストンコアラー

b.　グラビティコアラー

ピストンコアラーからピストン機構部分を省略したものである．外見上はピストンコアラーとほぼ同じであり，オペレーションについてもこれに準ずる（図 1.7）．このコアラーは天秤以外の可動部分をもたないため，船上でのハンドリングがよいことや，天秤を用いずとも重錘の自重だけで堆積物に貫入させるオペレーションが

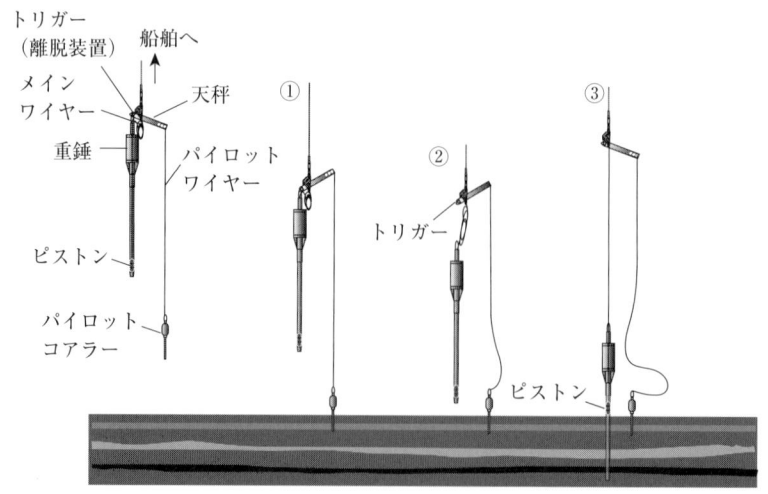

図 1.6　ピストンコアラーのオペレーション概念
①パイロットコアラーが最初に海底面に着底．②トリガーが外れ，コアラーは自由落下する．コアラーは自重で堆積物に貫入する．③貫入した状態．この後，船上に巻き上げる．

図 1.7 グラビティコアラー

図 1.8 マルチプルコアラー

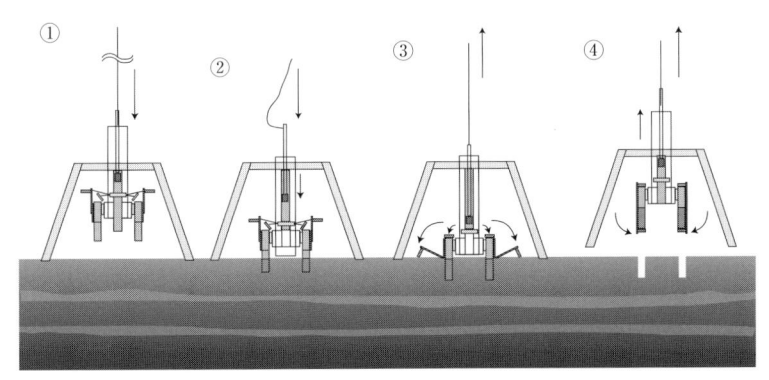

図 1.9 マルチプルコアラーのオペレーション概念

①マルチプルコアラーのフレームが海底に着底する．②ワイヤーがゆるみ，コアラー部分（アクリルパイプ）が海底面に向かって下がってゆく．このときシリンダー内のピストンが中に入った海水を排出しながら下降してゆくため，アクリルパイプはゆっくりと海底に貫入する．貫入長は30 cmである．③ゆっくりとワイヤーを巻き上げてゆく．ワイヤーが張ってテンションがかかるとトリガーが外れ，アクリルパイプ上面に蓋がされる．同時にアクリルパイプ底面を支える腕が 90°回転する．この状態では，腕はまだ海底面上にある．④さらにワイヤーを巻き上げるとコアラー本体が海底面から離脱する．同時にアクリルパイプ底面を支える腕がさらに 90°回転し，パイプ最下部に蓋をする．これにより堆積物の脱落を確実に防止する．

可能な点，またコアラー先端にピストンがないため，ピストンコアラーと比較して表層堆積物の保存が良好な点で有利である．直径 12 cm 程度の口径の大きなコアバレルを用いて，比較的短い（～数 m 程度）柱状堆積物を採取するのに向く．グラビティコアラーは，コアラー上部には堆積物脱落防止の仕組みがないが，最下部に装着した堆積物を保持するための弁（コアキャッチャー）を2段に配置することによって，堆積物の脱落を防止している．

c．マルチプルコアラー

海水と表層堆積物の接触部分を擾乱することなく採取できる採泥器であり，堆積物と水の境界付近の詳細な研究に用いられる（図 1.8，1.9）．この採泥器は，まずコアラーを支えるフレームを最初に海底に着底させて姿勢を安定させた後，コアラーに装着された約 500 kg の錘によって自重でゆっくりと貫入を行う点が他の採泥器とは異なっている．最大の特徴は，コアラー本体中央部のシリンダー内に充填し

た海水を排出口から少しずつ排出し，これによる水の抵抗を利用して，流体静止（hydrostatics）状態を長時間続けるのが可能となることである．このため堆積物へ低速での貫入を行うことができ，堆積物と海水の接触部分をほぼ擾乱なく採取することができる．マルチプルコアラーでは，60 cm 長のアクリルパイプの上部 30 cm 部分では海水（堆積物直上水）が，下部 30 cm 部分では堆積物が採取できる．

［木元克典］

1.2.2　グラブ採泥器

ここではグラブ採泥器を例に，表層堆積物試料の採取方法について述べる．

船上に揚収されたグラブ採泥器（図 1.10）を開けて堆積物の回収状況を確認し，海水をビニールホースで吸い出す（図 1.11）．このとき海水とともに堆積物を流出してしまわぬよう，堆積物にビニールホースを直にささないように注意する．また，吸い出した海水を開口径 63 μm の篩に通すことによって，海水中に懸濁した砂質分の流出を防ぐことができる．

海水を除去した後，肉眼による堆積物の記載ならびに写真撮影を行う．写真撮影時には，あらかじめ調査地と試料番号を油性マジックで記した試料容器を堆積物に添えると，堆積物の試料番号が写真に記録されるだけでなく，その試料容器がスケールの役割も果たしてくれるので，後から写真を整理しやすくなる．

堆積物の記載後，スプーンを使って堆積物の表層 0.5～1 cm を試料容器に採取する．試料を定量的に採取すれば単位体積あたりの有孔虫個体数を求めることができる．試料容器としては，密栓できるプラスチック容器やチャック付きビニール袋が適している．

試料採取直後に，濾過海水で希釈した 10% ホルマリン溶液を洗ビンや駒込ピペットで添加し，生体の軟体部を固定する．10% ホルマリン溶液の添加量は，採取した堆積物と同等量を目安とする．固定液が堆積物全体に浸透するよう試料容器を手で軽く振って撹拌する．ホルマリンは有孔虫の殻を溶かすので，中性ホルマリンもしくは四ホウ酸ナトリウムなどで緩衝したホルマリンを使用する．ホルマリン溶液の調製後は必ず試験紙で pH を確認する．なお，ホルマリン溶液の pH 調整・維

図 1.10　グラブ採泥器　　　　　　　　**図 1.11**　採泥後の海水処理

持には，市販のpH安定剤（海水魚用，ホームセンターやペットショップなどで入手可能）をさらに加えるのも有効である．試料を同位体比測定などの地球化学分析に使用する場合は，固定液を使用せずに直ちに処理するのが最も望ましい．なお，固定液に0.5 g/l のローズベンガル（色素の一種）を加えることで，固定と同時に生体軟体部のローズベンガル染色を行うこともできる．

以上の試料採取・処理が済んだら，試料容器を確実に密栓し冷暗所に保存する．試料採取に使用したスプーンや篩などの用具一式は次の試料採取までに水洗し，異なる試料間の混合（コンタミネーション）を防ぐように留意する．　　　［堂満華子］

1.3 現生試料

微化石を用いて過去の環境を復元するためには，それぞれの生物種の生態を知ることが必要である．したがって，微化石研究の中には，現在の海洋環境と生物の分布様式との関係の調査も含まれる．ここでは，現生試料の採取の仕方について紹介する．

1.3.1 プランクトンネットによる浮遊性有孔虫・放散虫の採取

浮遊性有孔虫は，一般的に外洋水の影響を受ける海域に多く生息しているが，比較的沿岸であっても場所を選ぶことによって，いくつかの種類について生体試料を採取することが可能である．ここでは，船舶を用いた現生の浮遊性有孔虫の採取方法について述べる．なお，ここで述べる方法は放散虫採取においてもほぼ同様である（松岡，2002）．

[用意するもの]　プランクトンネット（目あい100 μm（NXX13）または63 μm（NXX25）），クーラーボックス，保冷剤，試料捕集ビン，海水濾過用ネット（41 μm（NXXX25）），採水バケツ，海水タンク（10〜20 l），水温計（または小型の塩分/水温/深度センサー（CTD）など），雨合羽，長靴，救命胴衣，ハンディGPS.

a. 現生試料の採取方法

現生試料の採取には，内湾よりもむしろ外洋水が入り込む海域のほうが種類を多く確保できる．そのような海域では，沿岸から直線距離で数km程度離れた場所でプランクトンネットを曳くことで，浮遊性有孔虫を捕獲することができる．

採取に用いるプランクトンネットは，小型船舶を用いる際は北太平洋標準ネット（NORPAC，開口部45 cm，全長1.8 m；図1.12）が最も手軽で扱いやすい．各層採取を行う必要がない場合は，これを海面に流し数分間曳網することによって，飼育実験には十分な量の浮遊性有孔虫を確保することができる．

飼育個体を確保する場合，通常のNORPACネットのコッドエンド（試料を採取する部分）をコック式のものからスクリューキャップ式の試料捕集ビン（1〜2 l）に変更しておくとよい．船上での迅速な試料捕集ビンの交換ができるだけでなく，採取した試料を別容器に移動する必要がなくなるため，生体へのダメージを低減す

図 1.12　プランクトンネット
（北太平洋標準ネット）

図 1.13　スクリューキャップ式試料捕集ビン

ることができる（図 1.13）．

b.　採取の実際

（1）船舶を用いる観測では救命胴衣（ライフジャケット）を必ず着用し，安全確保を行った上で慎重に作業を行う．

　モーターボートなど小型船舶を用いる場合は，目的地到着後，エンジンを停止しGPS で現在位置と時刻を記録する．また同時に表層水温・塩分など，飼育実験に必要な環境パラメータのデータ取得を行う．小型の CTD をプランクトンネットの開口部に装着しておくと，目的の水深の環境情報を取得することができる．

（2）船舶は通常風下に流されるため，風上方向の海面に NORPAC ネットを流す．これによって NORPAC ネットが船底に入り込んでしまうのを防ぐことができる．ロープの傾角に注意し，生体採取の目的水深に達するまでロープを繰り出す．目的水深に達したら，ロープの端を船に固縛する．この時点を曳網開始時間とし，記録する．

（3）海流に任せて 5 分程度流す．この時間は海面に存在するプランクトンの量によって変更する．あまり濃い濃度になりすぎると，目的の動物プランクトンを単離しにくくなるため，一度にたくさんの量を採るのではなく，短い時間のキャストを複数回繰り返す．

（4）曳網終了時間になったらゆっくりロープを引き上げる．海水面までプランクトンネットが達したら，網が船側に接触し破損してしまわないよう細心の注意を払って船上に引き上げる．このときの時刻と緯度経度を記録する．

（5）生体を飼育実験に用いる場合のサンプリングでは，プランクトンネットの側面についた粒子は回収せず，コッドエンドの中に入った個体のみを使用する．浮遊性有孔虫の生体が付着している場合，ネットの側面でこすれてダメージを受けてい

図 1.14 プランクトンネットのオペレーション概念

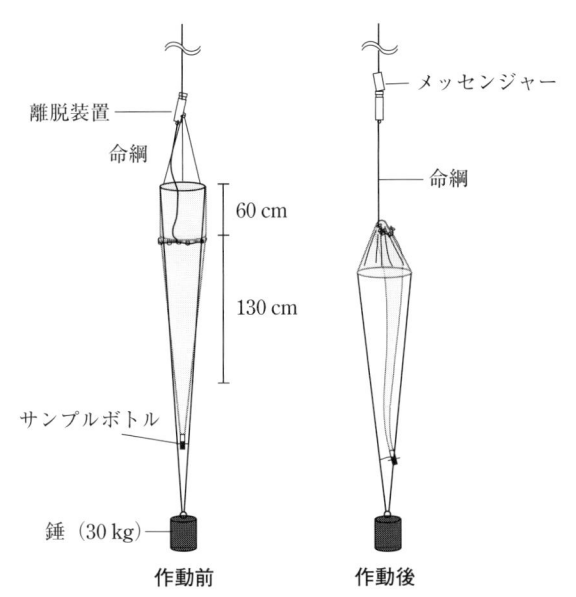

図 1.15 鉛直多層曳プランクトンネット（鶴見精機製）

る可能性がある．

(6) コッドエンドを取り外し，ボトルの蓋を閉める．ボトルは用意したクーラーボックスに保管する．

(7) 現場の海水を採取する．表層海水をバケツで汲み，用意した海水タンクに入れ持ち帰る．浮遊性有孔虫の飼育実験や，実験用濾過海水を作成する上で必要となる．

(8) コッドエンドを取り外した NORPAC ネットを海面で十分にすすぎ，次の観測に備える．観測終了後は淡水で十分に NORPAC ネットを洗い，日陰で乾燥させる．

c. 中・大型船舶を用いた観測

中・大型船舶を用いて観測が可能な場合，ウィンチなどを使用することで比較的大型の測器の使用が可能となるため，プランクトン採取の自由度が格段に上がる．鉛直曳きを行う場合，プランクトンネットの開口部を閉じることができるものを使用することで，各水深における生体を採取することが可能となる．閉鎖式 NORPAC ネットでは，「メッセンジャー」と呼ばれる錘を，プランクトンネットに接続している船のワイヤーに沿わせて海中に投下する．メッセンジャーは，プランクトンネットの直上に装着された離脱装置（リリーサー）に衝突し，その衝撃でフックを解放することによって開口部が閉じる仕組みになっている（図 1.14）．NORPAC ネットのオペレーションは，曳網する目的の水深までネットを降下させ，0.5〜1.0 m/sec の速度でワイヤーを巻き上げる．

アーマードケーブル（電線が入ったワイヤーケーブル）が使用可能な場合は，VMPS（鉛直多層曳プランクトンネット，図 1.15）を使用する候補に加えたい．VMPS は鉛直多層曳網が行えるプランクトンネットである．1 つのフレームに同時

に4～8枚のプランクトンネットを装着でき，電気的にネットの開閉をコントロールすることが可能である．船上で水深や水温・塩分などをリアルタイムにモニターしながら，任意の水深で曳網することができるため，NORPACネットと比較して精密なサンプリングを可能としている．また，開口部を完全に閉じることができるため，異なる深度での曳網におけるコンタミネーションの機会を低減している．

水平曳きによる試料の採取を行う場合，元田式水平多層曳網（MTD）ネット（図1.16）が用いられる．この測器もメッセンジャーを投下し，開口部を閉じる仕組みである．船速を対水2ノット程度に保ち，ワイヤーの傾角が常に45度になるように船速をコントロールしながら一定時間曳網するため，任意の水深でより多くの試料を採取できるというメリットがある．原理的には複数の水深に任意の数のプランクトンネットをつり下げることが可能であるが，プランクトンネットのフレームを船のワイヤーに装着するための金属部品をワイヤーに直接かみ込ませる必要があるため，アーマードケーブルやチタンケーブルなど，船舶のワイヤーの種類によっては装着ができないことがある．

図1.16 水平多層曳網プランクトンネット

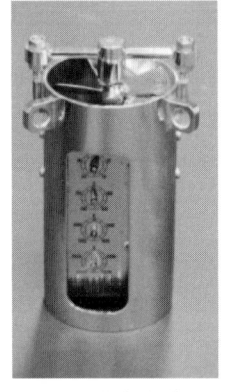

図1.17 濾水計（フローメーター）

d. プランクトンネットの種類と濾過効率

プランクトンネットには，ナイロンメッシュ製で目あいが63 μm，100 μm，300 μmのものなどがあり，採取する生体や目的に応じて使い分ける．浮遊性有孔虫や放散虫の群集組成を検討する場合は，63 μmのものを用いるのが一般的である．定量的なサンプリングを行う際には，プランクトンネットの網口に濾水計（フローメーター）を装着し，濾過した水量を知る必要がある．これはスクリューのついた筒状の測器で，通過する水がスクリューを回転させるため，濾過量を算出することができる（図1.17）．

フローメーターを直読して得られる数値はスクリューの回転数であるため，これを通過水量に換算するためには，使用する濾水計を用いたキャリブレーション（無網試験）を行う必要がある．キャリブレーションは，プランクトンネットの金属円枠の網口に濾水計のみを装着して任意の水深まで降下させ，表層まで曳く動作を行い，フローメーターの回転数を記録する．これを複数回繰り返す．金属枠の面積と曳いた距離を乗じた円柱状の体積を濾過水量とし，フローメーターの回転数で除することで1回転あたりの通過水量を求める．

例えば，金属円枠の直径が44 cm，水深50 mまで降下させた場合に，フローメーターが300回転した場合の1回転あたりの濾過水量（V）を考えると，

$$V = \frac{0.22 \text{ m} \times 0.22 \text{ m} \times \pi \times 50 \text{ m}}{300 \text{ 回}} \approx 0.25 \text{ m}^3/\text{回}$$

となる．フローメーターには個体差があるため，使用するフローメーターごとにキ

ャリブレーションを行う必要がある．

　プランクトンネットで観測を行う上で留意すべき点は，濾過効率（F）である．プランクトンネットは使っているうちに目詰まりなどを起こして，徐々に濾過効率が落ちていく．手持ちのネットの濾過効率を知るためには，網口と網外にフローメーターをセットし，前者の回転数を t，後者の回転数を T として

$$F = \frac{t}{T}$$

より算出する．サンプリング時に網口にフローメーターがセットされているならば，仮に濾過効率が落ちていたとしても，その分回転数も落ちるので，定量的にサンプリングできているとみなすことができる．

　網口面積を A，ネット地の目開き率を p（ネットのメーカーから提供される値．例えば目あい 100 μm の場合，38%），ネット地面積を a として，開口比 R を計算する．

$$R = \frac{a \times p}{A}$$

R は一般的には 6 以上が推奨される．網目開口率は網地種類・目あいにより一定であるため，ネット地の目あいが細かい場合は，プランクトンネット地面積を大きくする，すなわちプランクトンネットの側長を大きくすることで R を大きくとることができる．

e. 採取後の生体の取り扱い

（1）**飼育個体の採取**　採取した現生試料はクーラーボックスで低温を保って代謝を抑え，直ちに研究室に持ち帰り生体試料を分離するか，固定を行う．飼育実験を行う際は，現地より採取した表層海水を 0.2 μm のメンブレンフィルターを用いて濾過滅菌し，飼育用の海水として用いる．海水濾過に用いる機器類，方法は，2.2.2.a 項の石灰質ナンノプランクトンの濾過法に準ずる．

［用意するもの］　パスツールピペット（ガラス製，ポリエチレン製），ディスポーザブルピペット（ポリエチレン製），ガラス製フラットシャーレ，濾過海水，洗ビン，アルコールランプ，海水濾過装置一式．

　プランクトンネットで採取した直後の浮遊性有孔虫の生体は，採取ボトルの底に沈んでいる場合が多い．この場合，ボトルの上澄み部分の海水にいるプランクトンはほとんどが遊泳性のスイマー（カイアシ類などの動物プランクトン）である．このためプランクトン試料は，実験室に持ち帰った後 10 分ほど採取ボトルを静置し，上澄みを捨て，ボトルの下に沈殿している粒子のみを回収するようにする．これにより，効率よく浮遊性有孔虫の生体を回収することができる．

　生体試料のソーティング（単離）を行う場合は，試料の密度が濃くならないように注意し，フラットシャーレに数十 ml ずつ小分けにして検鏡*を行う．浮遊性有孔虫のソーティングにはパスツールピペットを用いる（図 1.18，1.19）．パスツールピペットは，ガラス製のものとポリエチレン製のものを用いる．スパイン（棘状

用語
検鏡　顕微鏡で検査すること．

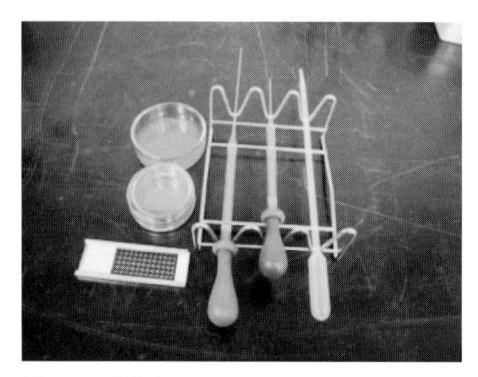

図 1.18 有孔虫ソーティングに用いるパスツールピペット

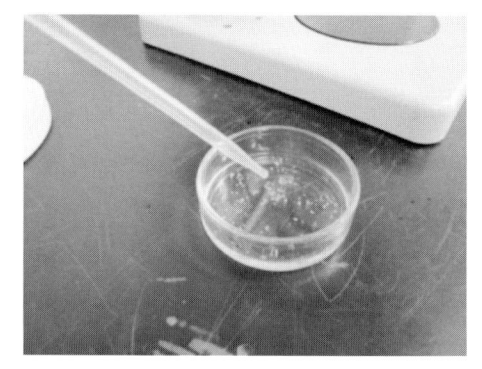

図 1.19 ソーティングの一例

突起)を長く延ばした浮遊性有孔虫はしばしば全長数 mm に達し,パスツールピペットの径よりもはるかに大きくなる.この場合,ポリエチレン製のピペットの先端をカットし,径を大きくすることで,吸い上げによる個体のダメージを最小限にすることができる.逆に,パスツールピペットの径より小さな個体を単離する場合は,アルコールランプで先端を熱し,引き延ばすことで径の小さなものをつくって使用するとよい.

プランクトンネットにより採取された直後の浮遊性有孔虫は,仮足*やスパインに海水中の懸濁物を付着させている場合が多いが,健康な個体であれば単離後数時間で自発的に付着物を離すので,あまり気にする必要はない.むしろ共在する他の動植物プランクトン群からすみやかに単離し,個体の弱化をできるだけ抑えることが重要である.浮遊性有孔虫の場合,スパインを長く延ばし,細胞質が殻室内を充填している個体が健康な個体であるとみなされ,そのような個体を優先的に使用するようにする.飼育実験の実際については Kimoto et al. (2003), Hemleben et al. (1989) を参照されたい.

(2) **採取個体の固定** 採取した浮遊性有孔虫を固定する場合は,特級の 99.5% エタノールを用いる.海水が混じると塩分と反応して白い沈殿ができるため,ステンレスの篩などを用いて一度真水で試料を軽く洗い,塩分を除去した後,エタノールに浸潤する.

ホルマリン(ホルムアルデヒド)を用いて固定する場合は,ホルマリン濃度が 5% となるよう海水と混合し,その後 1.2.2 項で示された四ホウ酸ナトリウムで pH が 8 付近に調整されたものを固定液として用いる.いずれの固定液を用いる際も,ドラフトなど局所排気施設の中で使用する.特にホルマリンは生体に対する毒性が強く,人体にも害があるため,必ず手袋とゴーグルを装着して作業を行う.

個体の生体判別を行う場合は,ローズベンガルによる有機物染色処理を行う(2.3.3.b 項を参照).

[木元克典]

用語

仮足 殻の外側に突き出した,足状の細胞質のこと.

1.3.2 石灰質ナンノプランクトンの採取

石灰質ナンノプランクトンは，海洋表層混合層（有光層）に生息し，その生物量（生産量）は沿岸域より外洋に多い．石灰質ナンノプランクトンに特化した試料採取法はなく，JGOFSプロトコル（Knap *et al.*, 1996）の第22章，微小プランクトンの採取方法を適用することができる．

石灰質ナンノプランクトンは2～十数μmの微小プランクトンであるため，海水を採取して濾過した後に観察する（濾過方法は2.2.2.a項を参照）．そのため，種の観察や生産量の測定には，有光層の深度別に海水採取を行う必要がある．海水はニスキン採水器（20 l）を用い，CTD/ロゼットもしくは水深の鉛直プロファイリングによって，調べる対象となる水深から採取する（図1.20）．ニスキン採水器は，一般的に一次生産速度を評価する海水を採取するために製造されており，"レバーアクション"タイプの閉鎖システムが採水器の外側に取り付けられている．この閉鎖システムを任意の深度で開放することで，対象とする水深の海水を採取できる．なお，微小プランクトン採取に使用する採水器は海水での洗浄は行わずに，酸洗浄した後に真水で洗浄したものを用いる．

図1.20 ニスキン採水器が取り付けられたCTD採水システム

用語

躍層 海洋において，温度・密度・塩分などが鉛直方向に大きく変化する層のこと．

石灰質ナンノプランクトンの生息深度や生産量の変化をとらえるために，試料海水は少なくとも2つの深度から採取することが望ましく，研究目的によってクロロフィル極大層や密度躍層*などの海洋学指標と関係づけて採取する．採取された試料海水は，船上で濾過作業を実施しプランクトンを濾紙に吸着させ保管する．また，船上で濾過作業が行えない場合や余剰となった海水がある場合は，酸洗浄後に真水で洗浄したバックインボックス（ポリ容器）などに保管して実験室で作業する．

[千代延俊]

1.3.3 珪藻の採取

特定の研究目的でプランクトンネットやセディメントトラップなどを使って現生試料を系統的に採取する以外に，身近な場所で入手できる現生試料を使っても珪藻化石を研究する際の比較標本として利用することができる．例えば，河川の礫の茶褐色の付着物を採取すれば付着性淡水生珪藻が多数観察できるし，乾物屋で売っているテングサなどの乾燥海藻などを洗浄して付着物を集めれば，大型の珪藻を含む多様な付着性海生珪藻を簡単に観察できる．また原索動物のホヤの糞は，そのほとんどが沿岸性浮遊性珪藻のほぼ純粋な殻だけの集合体である．このような試料を採取することにより，化石試料ではめったに見ることのできない珪藻の完全細胞や群体を観察して多様な属の構造を理解したり，生息域の違いに応じた異なった群集組成を簡単に観察したりできるので，化石珪藻群集の解釈などにも役立つと思われる．なお，現生試料の珪藻には有機物が残されているので，そのままの状態のもの

と有機物を除去したものとを比較するのも面白い．有機物の除去は，市販の家庭用漂白剤（ブリーチなど）を使うことで簡単に行うことができる．

［秋葉文雄・須藤　齋］

1.4　IODP試料

　　IODP（統合国際深海掘削計画，Integrated Ocean Drilling Program）やODP（国際深海掘削計画，Ocean Drilling Program）では，APC（advanced piston corer）やHPC（hydraulic piston corer），XCB（extended core barrel）などのコア採取機器を用いて堆積物の採取を行う．コア採取機器は深度や岩相，研究目的によって変更し，機器の違いで採取されるコア試料の状態も変わる．例えば，堆積物を乱さないまま100%近くの回収率でコアを採取したい場合はAPCやHPCを使うが，堆積物が軟質であることが条件となる．また，堆積物が硬質岩に変化した場合はXCBを用いるが，コア採取率は減少する．一方，残留磁気の測定を主目的の1つにする場合は，磁性の付加を避けるためにnon-magnetic core barrelにするが，強度の点で劣るため軟質岩に限られる欠点がある．コアは約9 mずつ採取され，コア採取機器内にあるチューブに入った状態で海底から船上へ引き上げられる．9 mのコアは1.5 mごとのセクションに切り分けられ，常温になるまで一次保管された後，半割され，研究用（working half）と保存用（archive half）の試料に分けられる．

　試料は，チューブもしくはスクープ（プラスチック製の使い捨て小型試料採取容器），爪楊枝で1～20 ml程度（目的によって異なる）採取する（図1.21，1.22）．採取の際は，堆積物のフローインがある場合もあるため，インナーチューブとの接触面をなるべく避けたほうがよい．また，スライドグラスなどでコアの表面を少し削るなどして，試料の汚染に十分に注意することが必要である．使用した器具は，安価なものは1回ごとに廃棄，他は汚染を防ぐために丁寧に洗浄する．採取した試料は，Expedition（研究航海の番号．ODPなどではLegで表す）-Site（地点）Hole（掘削孔）-Core（コア番号）Drill bit（コア採取機器の種類）-Section（コアを分割したときの分割番号），Interval（Sectionの中の位置）の順で名前をつけてラベルを

図1.21　コアレポジトリーでのコア試料採取の一例　　　**図1.22**　スクープによる試料採取

朝倉書店〈天文学・地学関連書〉ご案内

オックスフォード天文学辞典

岡村定矩監訳
A5判 504頁 定価10080円〈本体9600円〉（15017-9）

アマチュア天文愛好家の間で使われている一般的な用語・名称から，研究者の世界で使われている専門的用語に至るまで，天文学の用語を細大漏らさずに収録したうえに，関連のある物理学の概念や地球物理学関係の用語も収録して，簡潔かつ平易に解説した辞典。最新のデータに基づき，テクノロジーや望遠鏡・観測所の記載も豊富。巻末付録として，惑星の衛星，星座，星団，星雲，銀河等の一覧表を付す。項目数約4000。学生から研究者まで，便利に使えるレファランスブック

地球と宇宙の化学事典

日本地球化学会編
A5判 472頁 定価12600円〈本体12000円〉（16057-4）

地球および宇宙のさまざまな事象を化学的観点から解明しようとする地球惑星化学は，地球環境の未来を予測するために不可欠であり，近年その重要性はますます高まっている。最新の情報を網羅する約300のキーワードを厳選し，基礎からわかりやすく理解できるよう解説した。各項目1〜4ページ読み切りの中項目事典。〔内容〕地球史／古環境／海洋／海洋以外の水／地表・大気／地殻／マントル・コア／資源・エネルギー／地球外物質／環境（人間活動）

太陽系探検ガイド —エクストリームな50の場所—

渡部潤一監訳　後藤真理子訳
B5変判 296頁 定価4725円〈本体4500円〉（15020-9）

「太陽系で最も高い山」「最も過酷な環境に耐える生物」など，太陽系の興味深い場所・現象を50トピック厳選し紹介する。最新の知見と豊かなビジュアルを交え，惑星科学の最前線をユーモラスな語り口で体感できる。

津波の事典（縮刷版）

首藤伸夫・佐竹健治・松冨英夫・今村文彦・越村俊一編
四六判 368頁 定価5775円〈本体5500円〉（16060-4）

メカニズムから予測・防災まで，世界をリードする日本の研究成果の初の集大成。コラム多数収載。〔内容〕津波各論（世界・日本，規模・強度他）／津波の調査（地質学，文献，痕跡，観測）／津波の物理（地震学，発生メカニズム，外洋，浅海他）／津波の被害（発生要因，種類と形態）／津波予測（発生・伝播モデル，検証，数値計算法，シミュレーション他）／津波対策（総合対策，計画津波，事前対策）／津波予警報（歴史，日本・諸外国）／国際的連携／津波年表／コラム（探検家と津波他）

自然災害の事典

岡田義光編
A5判 708頁 定価23100円〈本体22000円〉（16044-4）

〔内容〕地震災害-観測体制の視点から（基礎知識・地震調査観測体制）／地震災害-地震防災の視点から／火山災害（火山と噴火・災害・観測・噴火予知と実例）／気象災害（構造と防災・地形・大気現象・構造物による防災・避難による防災）／雪氷環境防災（雪氷環境防災・雪氷災害）／土砂災害（顕著な土砂災害・地滑り分類・斜面変動の分布と地帯区分・斜面変動の発生原因と機構・地滑り構造・予測・対策）／リモートセンシングによる災害の調査／地球環境変化と災害／自然災害年表

火山の事典（第2版）

下鶴大輔・荒牧重雄・井田喜明・中田節也編
B5判 592頁 定価24150円（本体23000円）（16046-8）

有珠山，三宅島，雲仙岳など日本は世界有数の火山国である。好評を博した第1版を全面的に一新し，地質学・地球物理学・地球化学などの面から主要な知識とデータを正確かつ体系的に解説。〔内容〕火山の概観／マグマ／火山活動と火山帯／火山の噴火現象／噴出物とその堆積物／火山の内部構造と深部構造／火山岩／他の惑星の火山／地熱と温泉／噴火と気候／火山観測／火山災害と防災対応／外国の主な活火山リスト／日本の火山リスト／日本と世界の火山の顕著な活動例

巨大地震・巨大津波 —東日本大震災の検証—

平田 直・佐竹健治・目黒公郎・畑村洋太郎著
A5判 212頁 定価2730円（本体2600円）（10252-9）

2011年3月11日に発生した超巨大地震・津波を，現在の科学はどこまで検証できるのだろうか。今後の防災・復旧・復興を願いつつ，地震研究者が地震・津波を中心に，現在の科学と技術の可能性と限界も含めて，正確に・平易に・正直に述べる

自然災害の予測と対策 —地形・地盤条件を基軸として—

水谷武司著
A5判 320頁 定価6090円（本体5800円）（16061-1）

地震・火山噴火・気象・土砂災害など自然災害の全体を対象とし，地域土地環境に主として基づいた災害危険予測の方法ならびに対応の基本を，災害発生の機構に基づき，災害種類ごとに整理して詳説し，モデル地域を取り上げ防災具体例も明示

日本の地質構造100選

日本地質学会構造地質部会編
B5判 180頁 定価3990円（本体3800円）（16273-8）

日本全国にある特徴的な地質構造—断層，活断層，断層岩，剪断帯，褶曲層，小構造，メランジューを100選び，見応えのあるカラー写真を交え分かりやすく解説。露頭へのアクセスマップ付き。理科の野外授業や，巡検ガイドとして必携の書。

日本地方地質誌〈全8巻〉
日本の地質全体を地方別に解説した決定版

1. 北海道地方
日本地質学会編
B5判 656頁 定価27300円（本体26000円）（16781-8）

北海道地方の地質を体系的に記載。中生代〜古第三紀収束域・石炭形成域／日高衝突帯／島弧会合部／第四紀／地形面・地形面堆積物／火山／海洋地形・地質／地殻構造／地質資源／燃料資源／地下水と環境／地質災害と予測／地質体形成モデル

3. 関東地方
日本地質学会編
B5判 592頁 定価27300円（本体26000円）（16783-2）

関東地方の地質を体系的に記載・解説。成り立ちから応用まで，関東の地質の全体像が把握できる〔内容〕地質概説（地形・地質構造・層序変遷他）／中・古生界／第三系／第四系／深部地下地質／海洋地質／地震・火山／資源・環境地質／他

4. 中部地方（CD-ROM付）
日本地質学会編
B5判 588頁 定価26250円（本体25000円）（16784-9）

「総論」と雷頭を地域別に解説した「各論」で構成。〔内容〕【総論】基本枠組み／プレート運動とテクトニクス／地質体の特徴【各論】飛騨／舞鶴／来馬・手取／伊豆／断層／活火山／資源／災害／他

5. 近畿地方
日本地質学会編
B5判 464頁 定価23100円（本体22000円）（16785-6）

近畿地方の地質を体系的に記載・解説。成り立ちから応用地質学まで，近畿の地質の全体像が把握できる。〔内容〕地形／地質の概要／地質構造発達史／中・古生界／新生界／活断層・地下深部構造／地震災害／資源・環境・地質災害

6. 中国地方
日本地質学会編
B5判 576頁 定価26250円（本体25000円）（16786-3）

古い時代から第三紀中新世の地形，第四紀の気候・地殻変動による新しい地形すべてがみられる。〔内容〕中・古生界／新生界／変成岩と変性作用／白亜紀・古第三紀／島弧火山岩／ネオテクトニクス／災害地質／海洋地質／地下資源

8. 九州・沖縄地方
日本地質学会編
B5判 656頁 定価27300円（本体26000円）（16788-7）

この半世紀の地球科学研究の進展を鮮明に記す。地球科学のみならず自然環境保全・防災・教育関係者も必携の書。〔内容〕序説／第四紀テクトニクス／新生界／中・古生界／火山／深成岩／変成岩／海洋地質／環境地質／地下資源

化石の百科事典
S.パーカー著　小畠郁生監訳
A4判　260頁　定価9975円（本体9500円）（16271-4）

世界各地の恐竜などの脊椎動物，各種の無脊椎動物，植物，微化石375種をとりあげたオールカラー化石図鑑。約600枚の化石写真と350図の復元図・解説図を掲載。〔内容〕化石／地質年代／産地／化石のできる環境　採集と整理／進化／生きている化石／微化石／植物（藻類，シダ植物，裸子植物，被子植物ほか）／無脊椎動物（サンゴ，三葉虫，甲殻類，昆虫，二枚貝，腹足類，アンモナイト，ウニほか）／脊椎動物（魚類，両生類，爬虫類，恐竜，鳥類，哺乳類）

古生物学事典（第2版）
日本古生物学会編
B5判　584頁　定価15750円（本体15000円）（16265-3）

古生物学は現生の生物学や他の地球科学とともに大きな変貌を遂げ，取り扱う分野は幅広い。専門家以外の読者にも理解できるように，単なる用語辞典ではなく，それぞれの項目についてまとまりをもった記述をもつ「中項目主義」の事典とし，さらに関連項目への参照を示した「読む事典」として構成。恐竜などの大型化石から目に見えない微化石までの生物，さまざまな化石群，地質学や生物学の研究手法や基礎知識，古生物学史や人物など，日本古生物学会の総力を結集した決定版。

恐竜イラスト百科事典
D.ディクソン著　小畠郁生監訳
A4判　260頁　定価9975円（本体9500円）（16260-8）

子どもから大人まで楽しめる最新恐竜図鑑。フクイラプトルなど世界各地から発見された中生代の生物355種を掲載。〔内容〕恐竜の時代（地質年代，系statisticaと分類，生息地，絶滅，化石発掘）／世界の恐竜（コエロフィシス，プラテオサウルス，ウタツサウルス，ディロフォサウルス，メガロサウルス，ステゴサウルス，リオプレウロドン，ラムフォリンクス，ディロング，ラエリナサウラ，ギガノトサウルス，パラサウロロフス，パラリティタン，トリケラトプス，アンキロサウルス他）

ホルツ博士の 最新恐竜事典
Th.R.ホルツ著　小畠郁生監訳
B5判　472頁　定価12600円（本体12000円）（16263-9）

分岐論が得意な新進気鋭の著者が執筆。31名の恐竜学者のコラムとルイス・レイのイラストを満載。〔内容〕化石／地質年代／進化／分岐論／竜盤類／コエロフィシス／スピノサウルス／カルノサウルス／コエルロサウルス／ティラノサウルス／オルニトミモサウルス／デイノニコサウルス／鳥類／竜脚類／ディプロドクス／マクロナリア／鳥盤類／装盾類／剣竜／よろい竜／鳥脚類／イグアノドン／ハドロサウルス／厚頭竜／角竜／生物学／絶滅／恐竜一覧／用語解説／他

ベントン 古脊椎動物学
M.ベントン著　小林快次・江木直志・昆健志・河合俊郎訳
B5判　456頁　定価12600円（本体12000円）（16272-1）

人類・恐竜を含む脊椎動物の古生物学。原書第3版の翻訳。〔内容〕起源／研究法／顕生代の魚類／初期の四肢動物／初期の羊膜類／三畳紀の四肢動物／デボン紀以降の魚類／恐竜の時代／鳥類／哺乳類／人類の進化／付録：脊椎動物の分類表／用語集

恐竜野外博物館
小畠郁生監訳　池田比佐子訳
A4変判　144頁　定価3990円（本体3800円）（16252-3）

現生の動物のように生き生きとした形で復元された仮想的観察ガイドブック。〔目次〕三畳紀（コエロフィシス他）／ジュラ紀（マメンチサウルス他）／白亜紀前・中期（ミクロラプトル他）／白亜紀後期（トリケラトプス，ヴェロキラプトル他）

ゾルンホーフェン化石図譜 I
K.A.フリックヒンガー著　小畠郁生監訳　舟木嘉浩・舟木秋子訳
B5判　224頁　定価14700円（本体14000円）（16255-4）

ドイツの有名な化石産地ゾルンホーフェン産出の化石カラー写真集。I巻ではジュラ紀後期の植物と無脊椎動物化石など約600点を掲載。〔内容〕概説／海綿／腔腸動物／腕足動物／軟体動物／蠕虫類／甲殻類／昆虫／棘皮動物／半索動物

ゾルンホーフェン化石図譜 II
K.A.フリックヒンガー著　小畠郁生監訳　舟木嘉浩・舟木秋子訳
B5判　196頁　定価12600円（本体12000円）（16256-1）

ドイツの有名な化石産地ゾルンホーフェン産出のカラー化石写真集。II巻では記念すべき「始祖鳥」をはじめとする脊椎動物化石など約370点を掲載。〔内容〕魚類／爬虫類／鳥類／生痕化石／プロブレマティカ／ゾルンホーフェンの地質

気象予報士模擬試験問題
新田 尚編著
A4判 176頁 定価3045円(本体2900円) (16120-5)

毎年二度実施される気象予報士の試験と全く同じ形式で纏めたもの。気象に携わっている専門家が問題を作成し，解答を与え，重要なポイントについて解説する。受験者にとっては自ら採点し，直前に腕試しができる臨場感溢れる格好の問題集。

シリーズ〈気象学の新潮流〉1 都市の気候変動と異常気象 —猛暑と大雨をめぐって—
藤部文昭著
A5判 176頁 定価3045円(本体2900円) (16771-9)

本書は，日本の猛暑や大雨に関連する気候学的な話題を，地球温暖化や都市気候あるいは局地気象などの関連テーマを含めて，一通りまとめたものである。一般読者をも対象とし，啓蒙的に平易に述べ，異常気象と言えるものなのかまで言及する。

現代天気予報学
古川武彦・室井ちあし著
A5判 232頁 定価4095円(本体3900円) (16124-3)

予報の総体を自然科学と社会科学とが一体となったシステムとして捉え体系化を図った，気象予報士をはじめ予報に興味を抱く人々向けの一般書。〔内容〕気象観測／気象現象／重要な法則，原理／天気予報技術／予報の種類と内容／数値予報／他

気象予報士合格ハンドブック
気象予報技術研究会編
B5判 296頁 定価6090円(本体5800円) (16121-2)

合格レベルに近いところで足踏みしている受験者を第一の読者層と捉え，本試験を全体的に見通せる位置にまで達することができるようにすることを目的とし，実際の試験に即した役立つような情報内容を網羅することを心掛けたものである。内容は，学科試験(予報業務に関する一般知識，気象業務に関する専門知識)の17科目，実技試験の3項目について解説する。特に，受験者の目線に立つことを徹底し，合格するためのノウハウを随所にちりばめ，何が重要なのかを指示，詳説する。

気象ハンドブック 第3版
新田 尚・住 明正・伊藤朋之・野瀬純一編
B5判 1040頁 定価39900円(本体38000円) (16116-8)

現代気象問題を取り入れ，環境問題と絡めたよりモダンな気象関係の総合情報源・データブック。〔気象学〕地球／大気構造／大気放射過程／大気熱力学／大気大循環〔気象現象〕地球規模／総観規模／局地気象〔気象技術〕地表からの観測／宇宙からの気象観測〔応用気象〕農業生産／林業／水産／大気汚染／防災／病気〔気象・気候情報〕観測値情報／予測情報〔現代気象問題〕地球温暖化／オゾン層破壊／汚染物質長距離輸送／炭素循環／防災／宇宙からの地球観測／気候変動／経済〔気象資料〕

オックスフォード 気象辞典
山岸米二郎監訳
A5判 320頁 定価8190円(本体7800円) (16118-2)

1800語に及ぶ気象，予報，気候に関する用語を解説したもの。特有の事項には図による例も掲げながら解説した，信頼ある包括的な辞書。世界のどこでいつ最大の雹が見つかったかなど，世界中のさまざまな気象・気候記録も随所に埋め込まれている。海洋学，陸水学，気候学領域の関連用語も収載。気象学の発展に貢献した重要な科学者の紹介，主な雲の写真，気候システムの衛星画像も掲載。気象学および地理学を学ぶ学生からアマチュア気象学者にとり重要な情報源となるものである

ISBNは 978-4-254- を省略

(表示価格は2013年3月現在)

朝倉書店
〒162-8707 東京都新宿区新小川町6-29
電話 直通(03)3260-7631 FAX(03)3260-0180
http://www.asakura.co.jp eigyo@asakura.co.jp

貼り，袋に密閉して保管する．例えばExpedition 303航海の1308地点，A Hole, Core No. 10，hydraulic piston coreで採取，Section 5の上から96〜97 cmの部分から採取した試料は，303-1308A-10H-5, 96-97cmと記載する．

　一般に，IODPの乗船研究者の場合は，目的にあった採取間隔をリクエストし，それが許可されると掘削船上で共同研究者とともに試料を採取する．ただし，採取コアが多くサンプリングに時間がとれない場合は，航海終了後にアメリカ，ドイツ，または日本のコアレポジトリーにコア試料が送られるため，サンプリングパーティーを組織してコアレポジトリーにて採取することになる．一方，研究航海終了後1年を経過した試料は乗船研究者以外の研究者にも開放されるため，IODPへサンプルリクエストすれば得ることができる．その場合は研究目的が他の研究者と重ならないこと，研究がIODPの目的と一致することなどが条件で，それに基づいて審査される．すでにサンプルリクエストしているものの，それらの成果が発表されていない，などの場合はリクエストが許可されないため，成果は必ず国際誌などに公表することが原則である．リクエストの方法などはIODPのホームページを参照されたい．

　ところで，近年のほとんどの掘削では，採取された試料が他のHoleとどのような層位関係にあるかが検層*記録の比較などから計算され，いくつかのHoleを組み合わせたmcd（meter composit depth）に換算されている．例えば，Site 1308でAからDまでHoleが掘削された場合，それぞれのコアの欠損部分を他のコア試料で補い，欠損が全くない連続したセクションを作成することができ，その際の単位がmcdになる．自分がリクエストしたサンプルが，その地点のmcdとどのような関係にあるかを調べるには，IODPのホームページにあるDepth Calculation Utilityで調べることができる．指示されたフォーマットで作成したコア試料データをファイルで送ると，数秒でmcdへの変換計算結果が送られてくる．　　　　［千代延俊］

用語
検層　坑井・ボーリング孔などで，地下や周辺の地層を調べるため，物理的・化学的性質を連続的に計測すること．

1.5　石油坑井試料

　石油探査坑井では，時間とコストとの関係から，掘削機器の先端のビットによって破砕されたカッティングスと呼ばれる岩石の掘屑試料を用いるのが一般的である．ただし，特別な目的がある場合にはコア掘りが実施され，岩石コアの採取が行われる．カッティングス試料は，ビットによって破砕された岩石が，ビットから噴射される掘削泥水とともに掘管と坑壁の間を通って坑井元へ上がってきたもので，泥水がマッドスクリーンと呼ばれる篩を通過する際にスクリーン上に残る（図1.23）．石油坑井ではこのカッティングスを採取し，様々な調査が行われる．目的とする掘削深度の試料が坑井元に上がってくる時間は，ビットサイズ，ドリルパイプの外径，坑壁を保護するためのケーシングプログラム，および泥水ポンプ能力などに基づいて計算する．すなわち，掘削状態での掘管と坑壁またはケーシングとの間の容積をポンプ能力で割ることで求められる．誤差のチェックのため，坑井元で

泥水に籾殻などを混入させ，籾殻が一巡して上がってくる時間と，計算から求めた一巡の時間との比較から求めるが，その誤差は比較的小さい．4000 m や 5000 m 級の坑井でも，計算値と実際の時間とにはさほど差がないだけでなく，掘削終了後の物理検層からの岩相解釈とカッティングス調査報告との間に深度で矛盾がないため，石油坑井の調査/研究ではカッティングスを調査試料として用いている．

掘削深度が深くなり，坑内状況が悪くなると坑壁の岩石が崩れ，カッティングスに混入することがある．一般にはビットで破壊されたカッティングスは 5 mm 以下のものが多いが，深度が深くなって 1 cm 以上の大きなサイズの泥岩片が混じっている場合は，浅い深度の坑壁崩壊が原因で掘削層準の試料に混入した可能性がある．このような場合は，篩などを用いて大きなサイズの岩片を調査試料から除外しなければいけない．

有孔虫化石や貝形虫化石などは，カッティングス試料が岩石を物理的に破砕したものであるため，そのまま篩で洗浄し，調査試料とする場合が多い．ただし，硬質岩でさらに処理が必要と判断される場合は，2.1.2 項に記述の処理を行う．

石灰質ナンノ化石などの場合は，カッティングスを 2.0 mm と 0.125 mm の篩を用いて洗浄し，0.125 mm の篩に残った試料を調査試料とする（図 1.24）．ただし，海洋坑井の浅い深度の試料などは軟質で泥岩チップが残らないため，採取した試料を水洗せずに直接調査試料とする場合もある．

掘削終了後の物理検層の際に，掘削孔の孔壁から直接試料を採取するサイドウォールコアリングをする場合がある．サイドウォールコアリングは，フィルム管サイズの鋼鉄製器具を火薬を用いて坑壁に打ち付け，坑壁から試料を直接採取するもので，採取された試料はサイドウォールコアと呼ばれる．石灰質ナンノ化石や珪藻化石などはごく少量の試料で足りるため，可能であればサイドウォールコアの採取を

図 1.23 マッドスクリーン上のカッティングス

図 1.24 篩を用いた洗浄後のカッティングス

勧める．サイドウォールコアは，坑壁に付着した泥（掘削泥水起源の泥で軟らかい）も一緒に採取される場合があるため，処理の際にそれらを区別し取り除く．

　石灰質ナンノ化石や有孔虫化石などの石灰質微化石は，6000 m を超す深度の試料からでも産出するが，珪藻化石などの珪質微化石では続成作用（opal A から opal CT への変化）によって殻が消失するため，浅い深度のみが分析対象となる．なお，古い坑井のためオリジナルの岩石試料が残されていない場合でも，有孔虫化石保存用水洗試料の中に ϕ 1 mm 程度の岩石粒子が残っている場合がある．石灰質ナンノ化石や珪藻化石ではそれを処理しスライドを作製することができる．

[佐藤時幸]

2 試料処理と標本の作製

　前章のように採取した試料は，実験室での処理によって微化石が分離されることで，はじめて微化石個体の研究が可能になる．処理方法は微化石の種類によって，また岩石の性質や調査の目的によって異なる．本章では，それぞれの目的に応じた処理方法を微化石の種類ごとに解説する．

2.1 有孔虫・貝形虫

2.1.1 未固結堆積物試料

　ピストンコアやグラブ採泥などによって得られた完新統・更新統堆積物は，含水率が高く，固結度の低い状態にあることが一般的である．また，ピストンコア試料は，体積や湿潤重量・乾燥重量を正確に記録しておくことで，含水率や含泥率を算出したり，乾燥重量あたりの個体数や単位面積・単位時間あたりの個体数を見積もったりすることが可能となる．そのため，使用する試料をいったん乾燥させてから水洗処理する場合が多い．

　ここでは，ホルマリンで固定した表層堆積物試料ならびにピストンコア試料を例に挙げながら，その処理方法について説明する．

a. 表層堆積物試料

　ホルマリン溶液を使用した試料は，そのまま定温乾燥器で乾燥させることができないため，試料の乾燥重量を秤量することができない．しかし，以下のような処理手順をふむことで，間接的に試料の乾燥重量を得ることができる．

　(1) 冷暗所にしばらく保管した表層堆積物試料は，容器の中で堆積物が沈殿しているので，上澄みのホルマリン溶液だけを廃液用容器に流して除去する．このとき，不注意で堆積物試料を流してしまわないよう開口径 63 μm の篩を通すようにする．ホルマリン溶液は廃液処理方法に従って適切に処分する．

　(2) 試料を開口径 63 μm の篩上で水洗し泥質分を除去する．このとき篩を通過した泥質部および洗浄水量が 3000 ml になるようにビーカーに回収し，よく撹拌した上で駒込ピペットを用いて 30 ml をとる．これを乾燥した後，重量を秤量し，100 倍したものを泥重量とみなす．

　(3) 残渣をビーカーまたはビーカーの上に載せた濾紙上に回収し，60℃ 以下で乾燥させた後，重量を秤量する．

　(4) (2)で算出した泥重量および(3)の重量を合わせて試料の乾燥重量とし，これ

をもとに含泥率を算出する．

　なお，ホルマリン固定と同時にローズベンガル染色も行っている場合は，上記手順の(2)と(3)の間で，試料に付着した余分なローズベンガルを除去するため，篩上の粒子を温水で十分に水洗する．試料を同位体比測定などの地球化学分析に供する場合は，乾燥器設定温度と温水温度を 40℃ 以下にする．

b. ピストンコア試料

　試料を乾燥させる方法として，従来は定温乾燥器が用いられてきたが，近年では凍結乾燥器の使用が一般的になってきた．含水率が高く固結度の低い状態にある完新統・更新統堆積物試料を定温乾燥器で乾燥させると，乾燥収縮し固くなってしまい，試料に含まれる微化石の殻や骨格を破損させることがある（板木，1998）．これに対し，真空状態での昇華作用を利用した凍結乾燥法では，乾燥の前後で堆積物試料の体積に大きな変化はなく，堆積物の構造を壊さずに乾燥させることができるので，微化石の破損を軽減することができる．したがって，凍結乾燥器を利用できる環境であれば，以下の手順(1)ではなるべく使用することが望ましい．

　(1) 試料の湿潤重量を秤量後，定温乾燥器または凍結乾燥器で乾燥させる．定温乾燥器を使用する場合は 60℃ を超えない温度に設定する．ただし，試料を同位体比測定などの地球化学分析に供する場合は 40℃ 以下に設定する．

　(2) 試料の乾燥重量を秤量後，開口径 63 μm の篩上で水洗して泥質分を除去し，残渣を約 40℃（〜60℃）の定温乾燥器で乾燥させて重量を秤量する．このとき，残渣をビーカーの上に載せた濾紙に回収した上で乾燥させると，短時間で乾燥するので試料処理の効率を高めることができるし，試料が水に浸っている時間を短時間にとどめることができる．

　なお，(1)の工程で定温乾燥器を使用して乾燥させた場合，試料が乾燥収縮し固くなってしまうことで，(2)の工程で堆積物が壊れずに泥質分を完全に除去しきれないことがある．このような場合には，(1)と(2)の間に過酸化水素水処理を加える．すなわち，(1)で乾燥済みの試料を 3% に調整した過酸化水素水に浸し，発泡がおさまったら(2)の工程に進む．有機物を多く含む試料では激しい発泡が起きてビーカーから試料があふれ出ることがあるので，過酸化水素水を加える際には様子を見ながらゆっくりと加えるようにする．また 3% の濃度で堆積物を十分に分解しきれない場合は，5〜10% まで段階的に濃度を上げて処理をする．ただし，事前にテスト試料を使って試験的に過酸化水素水処理を行い，この方法が有孔虫化石の破損を招かないかどうかを十分に確認する必要がある．

2.1.2　固結堆積物試料

a. 凍結乾燥法

　凍結乾燥法は半固結堆積物の処理にも有効である．半固結堆積物試料を凍結乾燥後，篩上で水洗し泥質分を除去する．このときに堆積物が壊れずに泥質分を完全に除去しきれなかった場合，その残渣を定温乾燥器で乾燥した後，洗ビンで水を少量

かけてから再び凍結乾燥・水洗処理すると，1回目の工程よりも堆積物が壊れやすく水洗しやすい．堆積物の泥質分を除去し有孔虫化石や貝形虫化石を抽出できるまで，この工程を2～3回繰り返す．この方法は，同位体比測定などの地球化学分析に供する場合など，なるべく薬品を使用せずに堆積物から有孔虫化石や貝形虫化石を抽出したいときに有効である．ただし，事前にテスト試料を使って試験的に凍結乾燥と水洗処理を数回繰り返し，この方法が有孔虫化石や貝形虫化石に過度の物理的破壊を起こさないかどうか，その後の解析に支障をきたさないかどうかを十分に確認する必要がある．

b. 硫酸ナトリウム法

硫酸ナトリウム法は，岩石中に浸透させた硫酸ナトリウムの結晶化作用によって岩石を物理的に破壊する方法である（図2.1）．後述のナフサ法と併用することで，より効果的に微化石の抽出を行うことができる．以下，写真を併用しながら具体的な手順を説明する．なお，手順の通し番号は，硫酸ナトリウム法とナフサ法を一連の作業手順とみなして連続させている．

(1) 露頭から採取してきた岩石試料をペンチを使って1～2 cm角にカットする．その際，含有する化石をできる限り潰すことのないよう，ペンチ刃先の端部を岩石のくぼみにかけるようにして，岩石に適度な割れ目をつくるようにして砕くよう心がける．砕いた試料は乾燥重量で80～160 g程度になるようビーカーに移し，乾燥器で一昼夜乾燥させる．

(2) よく乾燥させた試料に無水硫酸ナトリウムを飽和させた溶液を注ぐ（図2.1 ①）．その後，サンドバスもしくはホットプレート上で暖めながら岩石から気泡が出なくなるまで待つ（およそ10～15分）．この際，試料の泥化が認められれば(4)

図2.1　硫酸ナトリウム法
①無水硫酸ナトリウム飽和溶液を乾燥試料に注ぐ，②硫酸ナトリウムの結晶化が進んだ試料，③ナフサ（粗製ガソリン）を注ぐ，④ナフサ浸潤試料の煮沸．

に進む．なお，硫酸ナトリウムの飽和度は42℃で最も高いが，この過程で岩石試料溶液を沸騰させることにより，泥化が進行する場合もあるので，同溶液は沸騰させておくことが望ましい．

(3) 余分な硫酸ナトリウム溶液を捨てて室温下で1～2週間静置し，硫酸ナトリウムの結晶の発達を待つ．なお，三角フラスコなどを用いて硫酸ナトリウム廃液を濾紙を通して濾し，再利用してもよい．

余分な硫酸ナトリウムを捨てた後，硫酸ナトリウムの結晶化によりビーカーの破損を防ぐため，試料上面を傾斜させた状態で保管する．

(4) 硫酸ナトリウムの結晶化が進んだ試料（図2.1②）に熱湯を注ぎ約30分煮沸する．その後熱湯に気をつけて岩石試料を篩を用いて水洗する．開口径63 μm の篩を用いれば，水洗と同時に含泥率の算出もでき便利である．泥分が除去されたことが確認できれば岩石試料をビーカーに戻し，乾燥器で乾燥させる．乾燥は約60℃で行う．岩石が細片化されるまで，(3)～(5)の工程を2～3回繰り返す．

c. ナフサ法

ナフサ（粗製ガソリン）法は，有孔虫や貝形虫などの微化石に付着した泥分などをナフサの揮発力によって剥離させる方法であるため，岩石が十分に細片化された後に行う．

(5) ナフサが十分に揮発するよう，乾燥した試料はナフサを注ぐ直前まで乾燥器で十分に熱しておく．ナフサは試料表面が湿る程度に注ぎ30分ほど待つ（図2.1③）．

(6) 熱湯をビーカーの八分目まで注ぎ，溶液中のナフサが揮発するまでサンドバスもしくはホットプレートを用いて十分に煮沸する．ナフサの残量に応じて，1～2時間程度煮沸する．その際，必要に応じて熱湯をつぎ足し水分が減らないようにする．なお経験的に，図2.1④のようにビーカーにアルミホイルで蓋をし，ニードルで穴をあけておけば液面上部の温度を高温に保てるため，ナフサの揮発を促進させる効果が得られるだけでなく，突沸時のサンプルの飛散を防ぐことができる．

(7) ナフサを十分に揮発させた試料を開口径63 μmの篩上で水洗する．この際，(4)の工程よりも慎重に時間をかけて水洗を行うようにし，試料にナフサ臭が残らないようにする．

(8) 乾燥させた試料を秤量し，必要事項を記入した封筒に入れて保管する．

d. 標本の作製

処理された堆積物試料から有孔虫や貝形虫化石標本を抽出（拾い出）し，群集解析や殻の地球化学分析に用いる．

(1) **試料の分割**　試料中に含まれる有孔虫や貝形虫の個体数は，試料が採取された海域や保存状態，層準の違いによって大きく異なる．そのため試料中に含まれる有孔虫や貝形虫のすべてを抽出し，種構成を検討することが難しい場合がある．そこで試料を分割し，抽出する個体数を減らす．一般的に1試料から200～300個体以上を抽出することによって，その試料の種構成を再現することができると考え

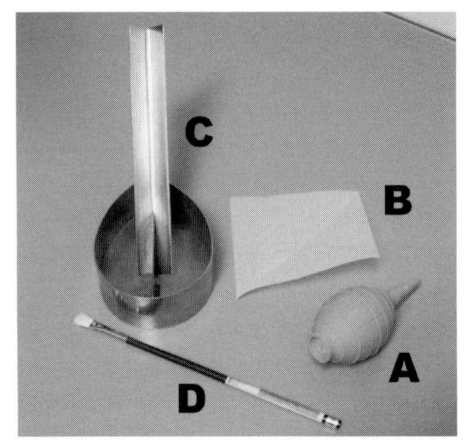

図 2.2 試料分割に必要な道具
A：ブロワー，B：薬包紙，C：分割器，D：筆．

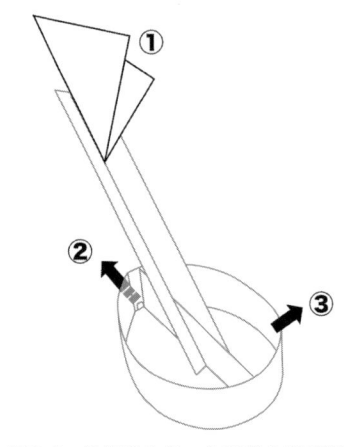

図 2.3 分割器を用いた試料分割手順
①～③はそれぞれ手順の番号．

られている．分割に必要な道具を図 2.2 に示す．

[**手　順**]　　分割を始める前に机を清掃する．なお，黒い画用紙をひいた机の上で分割作業をすると，誤って有孔虫や貝形虫を分割器の外に飛ばしてしまった場合に確認しやすい．

（1）薬包紙にとった試料を分割器中央の傾斜台の中心線に沿って丁寧に流す（図 2.3 ①）．
（2）左側の試料を分割器の口から取り出す（図 2.3 ②）．
（3）分割器を傾けて右側の試料を取り出す（図 2.3 ③）．
（4）取り出した左右の分割試料をそれぞれ(1)～(3)の手順でもう一分割する．
（5）左右の分割試料を合わせる（図 2.4）．

手順(4)と(5)は分割時の誤差を小さくする工夫である．

[**作業上の注意点**]　　簡易分割器中央部の傾斜台は，あらかじめガラスビーズなどを用いて，左右に流れる粒子が均等に分割されるように調整される．したがって，分割作業や分割器の移動・保管時には，中央の傾斜台の取り扱いに細心の注意を払う．また異なる試料間の混合を防ぐため，分割器の使用前後は筆やブロワーなどで必ず清掃する．

（2）拾い出し・スライド作製　　分割した試料を粒子が重ならないように拾い出し，皿の上に展開して，実体顕微鏡下で有孔虫や貝形虫を拾い出す．見落としがないように，拾い出し皿上のマス目を順に検鏡する．拾い出した個体を，目的によって群集スライドまたは単孔スライド上に載せる．拾い出しに必要な道具を図 2.5 に示す．

[**手順 1**]
（1）分割した試料を開口径 125 μm（115 メッシュ）の篩にかけてふるい分けを行う．粒子の径がそろっているほうが拾い出しやすいため，開口径 180 μm（80 メッシュ）や 250 μm（60 メッシュ）などのより径の大きな篩を用いて，あらかじめ

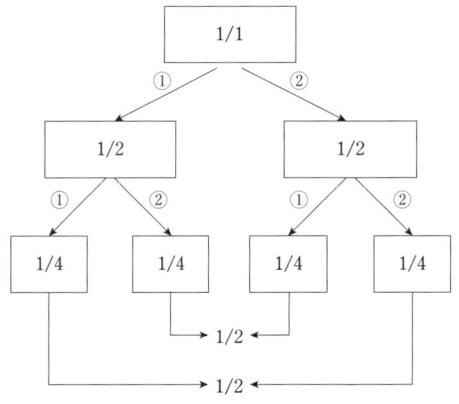

図 2.4 試料の分割回数と合計方法

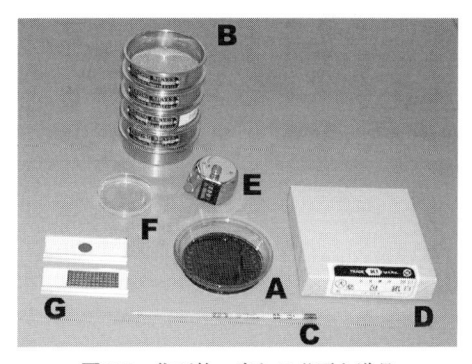

図 2.5 化石拾い出しに必要な道具
A：拾い出し皿，B：小型篩，C：拾い出し用面相筆，D：薬包紙，E：数取り器，F：拾い出し用水入れ，G：微化石用スライド．

図 2.6 実体顕微鏡下での拾い出し

図 2.7 実体顕微鏡下での化石の拾い出しの様子

大きめの粒子を分けておいてもよい．

（2）篩上に残った試料を薬包紙に移し，拾い出し皿の上に粒子が重なり合わないよう薄く散布する．

（3）実体顕微鏡下で，水で湿らせた面相筆の先に標本をつけてすべて拾い出す（図 2.6，2.7）．このとき，拾い出し皿のマス目ごとに順番に検鏡する．これを 2〜3 回繰り返すことで有孔虫や貝形虫の拾い漏らしを防ぐことができる．

（4）微化石用スライドに標本を載せ，マス目を利用して有孔虫や貝形虫の種ごとに並び替えを行う．

（5）トラガカント（樹液からつくられた糊の一種）もしくは水で薄く溶いた木工用ボンドを用いて標本をスライド上にのり付けする．

（6）拾い出し済み試料（残渣）を薬包紙に入れ保存する．

［作業上の注意点］ 用具の使用前後は筆やブロワーなどで必ず清掃すること（異なる試料間の混合を防ぐため）．

また，図 2.8 ①のような摘出用トレイを利用した以下のような方法も効率的であ

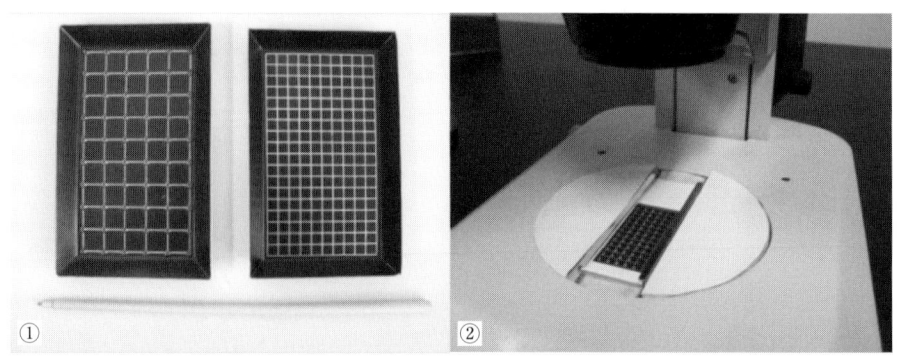

図 2.8 ①有穴トレイ（左）と無穴トレイ（右）（両方とも Kranz 社）および抽出用の筆（下），②顕微鏡にセットした微化石用スライド固定台と微化石用スライド．

る．このトレイは 70 mm×110 mm の長方形で，方眼がデザインされている．左は方眼の交点に小さな穴があいている有穴トレイで，右は無穴トレイである．

［手順 2］

（1）有穴トレイを無穴トレイの上に重ね，試料を薄く散布する．

（2）双眼実体顕微鏡の台にあうように，図 2.8 ②のような厚紙や木で自作した微化石用スライド固定台を準備し，それにガラスを外した微化石用スライドをセットする．

（3）その上に有穴トレイを載せ，毛が 1 本ついた抽出用の筆で標本を拾い，穴に落とす．こうすれば，顕微鏡から眼を離さずに，微化石用スライド上に標本を落とすことが可能になる．

（4）無穴トレイに残った試料を検鏡し，上記の微化石用スライド上に水で湿らせた面相筆で拾い出し追加する．

（5）その後は手順 1 の（4）〜（6）と同様の作業を行う．

なお，貝形虫は左右 2 枚の殻をもっているので，計数には以下の 3 通りの方法がある．①片殻も両殻も 1 個として数える，②片殻を 1，両殻を 2 として数える，③右殻，左殻のうち，多い方の数を個体数として代表させる．計数の仕方については論文内で明記することが望ましい．

（3）**試料の保管・管理** スライドには採取地名，試料番号，地層名（海洋コア試料の場合は，緯度経度および深度など）を記入しておく．また，拾い出しに使用した篩のメッシュサイズや分割数も記入しておく．研究開始当初はラベルを鉛筆で記入し，研究を終え，公表に至った段階でロットリングなどを用いて墨入れするとよい．

市販されているスライドは紙製スライドとデッキグラスの間に隙間があるため，持ち運びの際は微化石標本がその隙間に入らないように注意が必要である．アルミ製

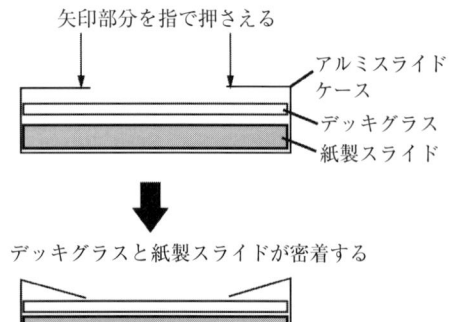

図 2.9 微化石用スライドの保管方法 図では隙間を誇張して示している．

スライドケースの上辺を指で軽く押さえ，紙製スライドとデッキグラスを密着させた状態にしておくとよい（図2.9）.

[山崎　誠・堂満華子]

2.2 石灰質ナンノ化石

2.2.1 化石試料の処理

石灰質ナンノ化石のように極めて微小でわずかな試料に多産する化石の処理にあたっては，試料間の混合や汚染のないように注意する必要がある．そのため，処理を行う実験室を常に清掃しておくのはいうまでもなく，海外で販売されている黒板用のチョークなどは，天然チョークの可能性があるため実験室に置かないようにする．使用器具のうち，安価なストローや爪楊枝などはすべて使い捨てとし，それ以外のビーカーやめのう乳鉢などは，使用後にはよく洗浄し，希塩酸溶液に浸して試料の汚染に注意を払う．

試料処理に必要な用具は図2.10を参照のこと．

a. スミアスライド法

試料の新鮮部をとり，乳鉢などで粉砕する（図2.11①）．また，試料が汚染されないように紙で包みハンマーで粉砕することも可能である．石灰質ナンノ化石の場合，数µmのサイズであることから，硬質岩を乳鉢で粉々に処理しても標本の保存状態に大きな影響はない．粉末になった試料を使い捨てストローなどですくい，カバーグラスに少量載せる（②，③）．カバーグラスへ載せる試料の量は，研究対象とする岩石により異なるが，IODPに代表される海洋底試料であれば石灰質ナンノ

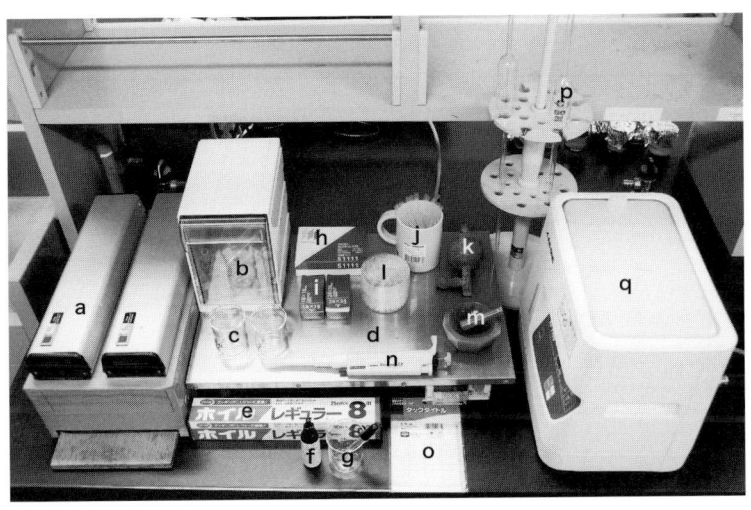

図2.10　石灰質ナンノ化石試料処理に必要な道具
a：紫外線照射ボックス（紫外線波長：365 nm），b：ディスポーザルチップ，c：小型ビーカー，d：ホットプレート（低～中温用），e：アルミホイル，f：光硬化剤（(有)グルーラボで販売），g：ピペット，h：スライドグラス，i：カバーグラス，j：ストロー，k：ゴムピペッター，l：爪楊枝，m：めのう乳鉢，n：マイクロピペット，o：ネームシール，p：ホールピペット，q：超音波洗浄機.

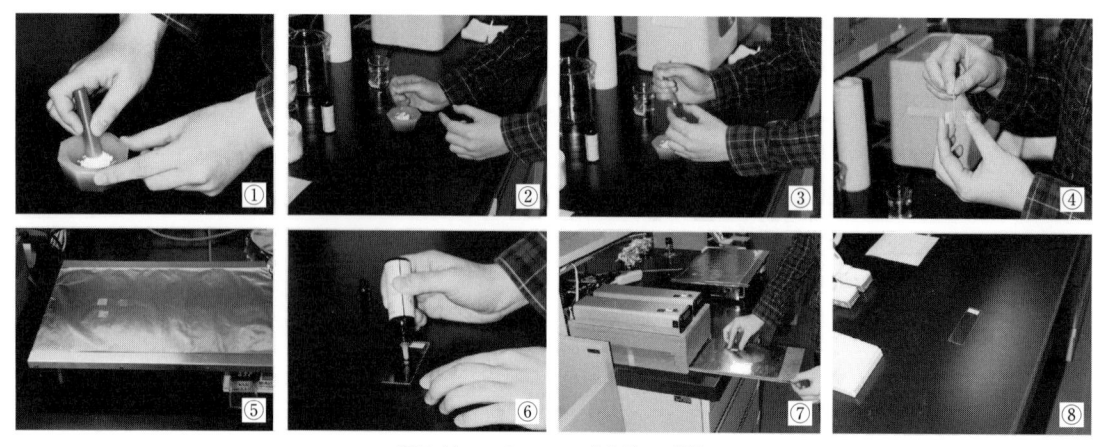

図 2.11 スミアスライド法の手順

化石は大量に含まれているため，1〜0.1 g 程度で十分である．地表に露出する岩石を観察する際には数 g 程度を用い，石灰岩など石灰質ナンノ化石が少量しか含まれていない岩石は 5 g 程度の試料をカバーグラスに載せる．ピペットで水道水を 1〜数滴滴下し，爪楊枝で試料をカバーグラスの全面に広げる（④）．この際，石灰質ナンノ化石の多産が予想される試料は，化石の同定を考慮しカバーグラス上に薄く広げる．逆にあまり含まれていないと予測される岩石は，カバーグラス上に厚めに広げる．ホットプレートにカバーグラスを置き，70℃ で乾燥させた後（⑤），光硬化剤をスライドグラスに 1 滴滴下（⑥），その上にカバーグラスを静かにかぶせる．作製したプレパラートは紫外線照射ボックスに 10 分ほど入れて封入剤を硬化させ，ラベルを貼って完成となる（⑦，⑧）．ラベルには試料採取地の情報や IODP 試料の記載などを記入する．

　ホットプレートは汚染を防ぐために，使用のたびにアルミホイルで覆うことを勧める．また，カバーグラスを硬化剤にかぶせる際に，硬化剤の上に急に落とすと細かな気泡が入り，高倍の顕微鏡では観察しにくくなる．また，硬化剤の種類によっては，混入した気泡が硬化した後に拡大し，スライドの保存に支障が出ることもある．したがって，カバーグラスは静かに接触するようにかぶせ，気泡の混入には最善の注意を払う必要がある．使用する水は pH が調整された水道水を使うが，海外で実験する場合は，水道水に石灰質ナンノ化石が含まれないかをあらかじめチェックしておく必要がある．

　スミアスライド法は処理が容易で，作製に要する時間も短時間であるため，IODP などの研究航海では船上での観察の際に一般的に用いられる．砂岩などもこの方法で処理できるが，その場合は砂粒子がカバーグラスに残り，封入しにくくなる．そのため，乾燥後（⑤の後）に砂粒子を爪楊枝などで取り除く．

b. 沈降法

　乳鉢で粉砕した試料をビーカーに入れ水道水を加える．ストローで撹拌して懸濁液をつくり，超音波洗浄機で数秒間撹拌し分散させる．粗い粒子が沈降するまで

30秒程度待った後,懸濁液をピペット(またはストロー)で採取し,ホットプレートに置いたカバーグラスに広く滴下する.40℃の低温で乾燥させた後,光硬化剤で封入する.砂質岩などの処理では,砂粒を除外する必要があるため,沈降法を用いると効果がある.なお,ホットプレートを40℃より高温にセットすると,カバーグラス上で懸濁液が対流し,泥粒子が1カ所に集まってしまう現象が起きる.そのため,ホットプレートは低温(40℃)にセットし,1〜2時間かけてゆっくりと乾燥させるようにする.

c. 定量法

試料1gあたりに含まれる石灰質ナンノ化石の個体数を求めるために行う方法である.基本的には沈降法と同様な手法を用いる(図2.12).

乳鉢で粉砕した乾燥試料を正確に秤量し(①,化石の産出量に応じて量を変える),ビーカーに入れる(②).50mlの水道水をホールピペットで加え(③),ストローでよく撹拌し懸濁液をつくった後,超音波洗浄機で数秒間撹拌する(④).再度撹拌し,粒子が沈降する前にマイクロピペットで0.5 mlを採取して,カバーグラス全体に広がるように懸濁液を滴下する(⑤).40℃の低温で乾燥後(⑥),沈降法と同様に処理し,プレパラートを作製する.単位面積あたりの石灰質ナンノ化石量を産出するため,懸濁液はカバーグラス全体に広げることが重要である.これに基づいて,グラムあたりの石灰質ナンノ化石量,および単位時間あたりの単位面積に沈積する石灰質ナンノ化石量などを算出する.

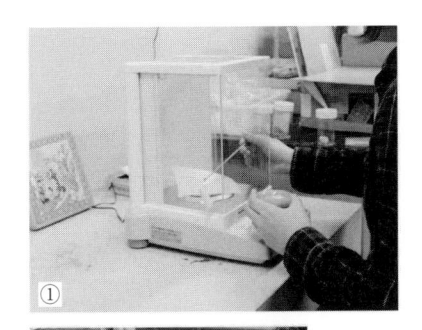

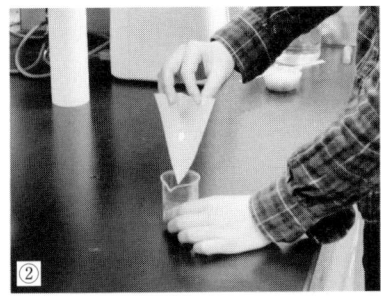

図2.12 定量法の手順

d. 試料/プレパラートの保管

石灰質ナンノ化石の研究では，調査結果とともに観察に使用したプレパラートと試料が保管される．一般に採取した試料は乾燥させて袋詰めにして保管するが，1.1.1項で述べたように，特に日本海側地域の鮮新統で採取した試料などは，そのままの保管では数カ月で微化石が溶解してしまう場合がある．このような溶解を防ぐため，処理後に試料を乾燥し，真空パックの袋詰め機器を使用して真空状態で保管する方法もある（図1.4参照）．

一方プレパラートは，通し番号をふったラベルを貼り付け，データベース化してコンピューター管理する．プレパラートはプレパラートボックスに入れて保管するか，ブック型ファイルに入れ本棚などに整理する．ブック型は整理しやすく，かつ管理に適しているため，大量のプレパラートを継続して管理する際に有効である．

プレパラートでは，封入材の経年変化によってカバーグラスが剥がれる現象が認められることがある．したがって，holotype*などを含むプレパラートの保管には細心の注意が必要である．なお，本書で紹介した封入材の光硬化剤は，現在までのところ経年変化の影響を受けた報告例がない．

[千代延俊・佐藤時幸]

> **解説**
>
> **模式標本** 生物の種を記載し学名をつける際には，その拠り所となる標本が必要となる．これが模式標本であり，そのうちholotype（ホロタイプ，完模式標本）は原記載で唯一指定された標本のことである．他に学名の定義に直接関わるものとして，syntype，lectotype，neotypeがある．

2.2.2 現生石灰質ナンノプランクトン（円石藻）試料

現生円石藻試料の観察は，対象とする試料が海水であるため，試料処理の点で化石の処理と異なる．

a. 海水濾過法

採取された海水は真空ポンプで濾過を行い，円石藻を収集する．海水試料の濾過に必要な用具は図2.13の通りである．

海水の濾過は，次の手順で行う（図2.14）．ピンセットでミリポアフィルターを濾過台に載せ（①），ロートをセットする（②）．一定量の海水試料を流し込み真空ポンプを用いて吸引濾過する（③）．濾過量は試料海水中の円石藻の密度に応じて決める（外洋域で2〜8 l）．吸引後，フィルターを濾過器にセットしたまま，濾過海水で洗浄する．引き続きpH 7.0以上の水道水でフィルター洗浄し脱塩する（④）．洗浄した濾過フィルターは自然乾燥させ，ペトリ皿に保管する（⑤）．長期

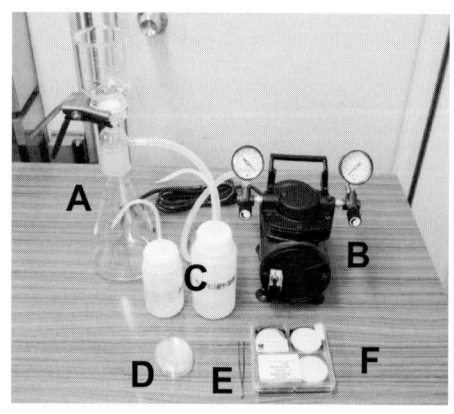

図2.13 海水試料の濾過に必要な道具
A：濾過器，B：真空ポンプ，C：洗浄ビン，D：プラスチック製ペトリ皿，E：ピンセット，F：フィルター（ミリポアフィルターHAタイプ，直径47 mm，孔径0.45ないし0.8 μm）．

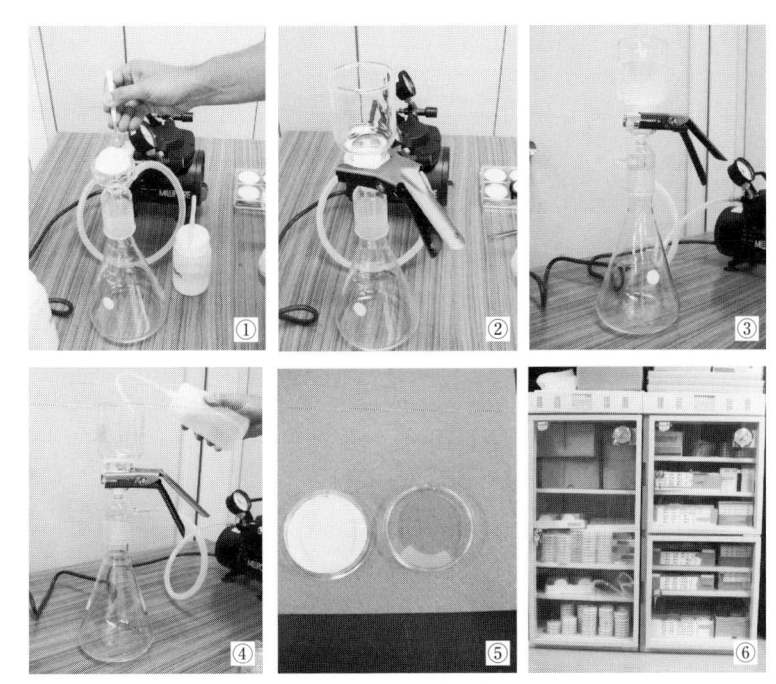

図 2.14 海水の濾過手順

保存の際は保管試料をデシケーターに保管する（⑥）．

なお，濾過の際に用いる海水の量は，多すぎると円石藻が重なり合い，観察しにくくなる．したがって，適宜試料によって濾過量を変えることが大事である．

b. 光学顕微鏡観察用プレパラート作製

円石藻を光学顕微鏡で観察するためのプレパラート作製は，前述の石灰質ナンノ化石プレパラートの作製と基本的には同様である．

海水濾過で作製した乾燥フィルターを，中央から端に向かって 5 mm 幅で切り取る．スライドグラス上に光硬化剤を滴下し，切り取ったフィルターを光硬化剤の上に載せる．フィルター上に再度光硬化剤を滴下しカバーグラスをかぶせる．紫外線照射ボックスで硬化させ完成となる．

c. 走査型電子顕微鏡観察用試料作製

現生円石藻の観察には電子顕微鏡は欠かせない．ここでは走査型電子顕微鏡の観察資料作製方法を述べる．必要な用具は，試料載台ケース，フィルター試料，ピンセット，カーボン両面テープ，カッターナイフ，試料載台である．

先に濾過で作製した乾燥フィルターから約 5×5 mm の切片を取り出す．試料載台にカーボン両面テープを貼り付け，その上に切り取った乾燥フィルターを載せて完成となる．フィルターを貼り付けた試料載台はケースに保管する．

電子顕微鏡で観察する際は，作製した試料をイオンスパッタリング蒸着装置を用いて白金または金で蒸着する．蒸着時間などは機種によって性能が異なるため，カタログを参照すること．

観察には 2000〜3000 倍の倍率を用い，個々の詳細な観察で 5000〜10000 倍程度

の倍率を使用するが，目的に応じて倍率を変える． 　　　　　　　　　［田中裕一郎・千代延俊］

2.3 放散虫

　放散虫処理の基本は，放散虫の破損や減失を最小限に留めることと，放散虫以外の粒子を除去することにある．試料処理をした放散虫は原則として，目あい38〜45 μmの篩で回収する．ただし，地質年代決定のみを目的とする場合は，目あい63〜65 μmの篩で回収してもかまわない．定量調査を行う場合は，凍結乾燥した試料の乾燥重量0.5〜1.0 gを定量試料にして行う．図2.15に岩石による処理方法を示す．

2.3.1 未固結堆積物〜固結岩石

a. 粒子化処理

　基本は有孔虫処理と同様だが，粒子化処理を終えてから5〜10 wt%の塩酸を加えて石灰質分を除去するところが異なる．

b. 濃集作業

　砕屑性粒子や珪藻が著しく多い残渣では，放散虫の濃集処理を行う．

(1) 水中浮遊法　水を半分ほど入れた300 mlビーカーに少量の残渣を入れる．

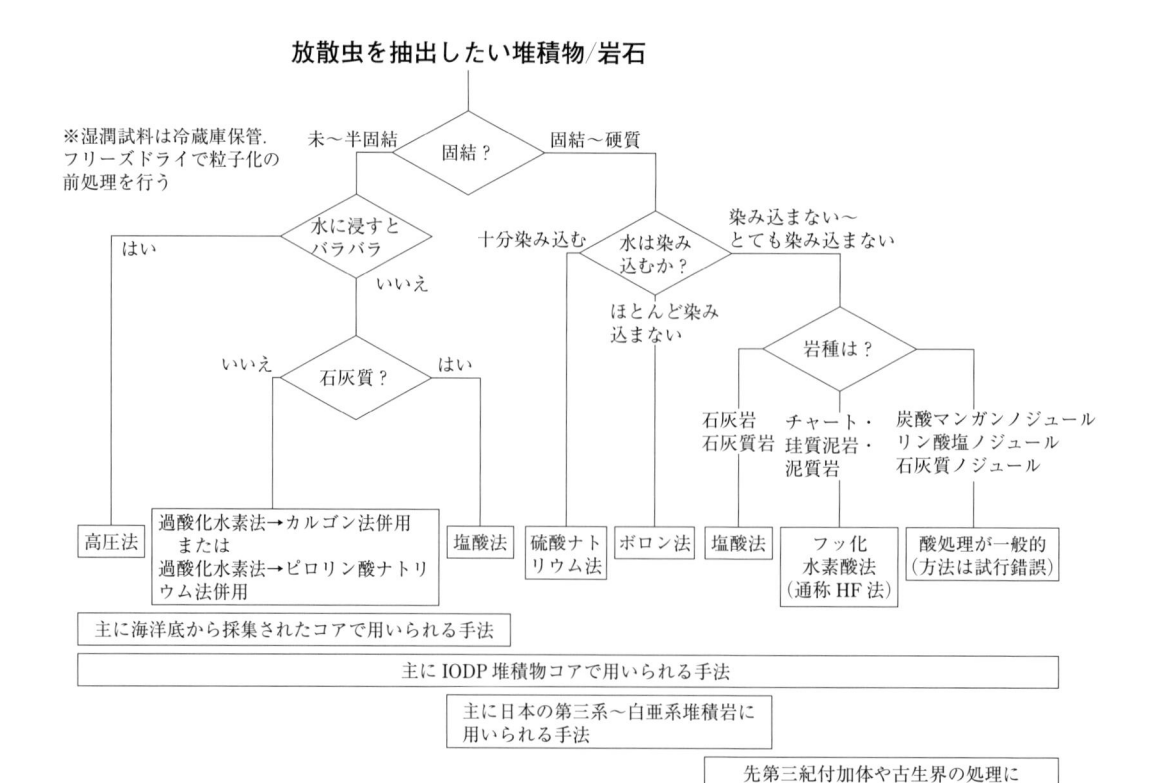

図2.15 岩石・堆積物から放散虫を抽出するための処理方法

撹拌後，数秒〜十数秒ほど待って，篩などを通して浮遊残渣を回収する．回収した残渣に砕屑性粒子が多い場合は，この作業を数回繰り返す．

(2) **重液分離**　乾燥させた残渣を時計皿に少量入れる．無害で環境負荷が少なく反応性が低い重液（Novec 7300 など）を時計皿にさっと注ぎ込む．浮遊している残渣を直ちに篩で回収する．この作業を浮遊残渣が目立たなくなるまで繰り返す．重液は濾紙に通して微小粒子を除去してから，別ビンに回収して再利用する．

(3) **静電気法**　きれいなスライドグラスを乾いた布で数回こすって静電気を起こし，そこに残渣が重ならないように散布する．大きめのシャーレを下に敷き，スライドグラスを静かに裏返して，軽く指ではじいて放散虫を落とす．スライドグラスに貼り付いている残渣は筆を使って別容器に回収する．

c. **分割作業**

残渣に含まれる放散虫個体数が膨大な場合は，500〜600 個体を目安に残渣を分割する．放散虫の殻サイズは数十〜数百 μm 径で形も様々なので，分級の影響をおさえた残渣分割をする．定量計数用にはQ スライドをつくり，種構成調査にはF スライドをつくる．

(1) **定量計数用スライド（Q スライド）の作製準備**　あらかじめ，d 項(2)にあるようにカバーグラスを温めておく．定量試料の残渣を入れた 100 ml ビーカーに水を注いで，全量を 50 ml にする．ガラス棒で渦ができないように激しくかき回し，残渣が水中に均質に浮くようにする．直ちに，1 ml のピペットでビーカーの中心から 0.2 ml を吸い出し，封入スライド用残渣とする．吸い出した残渣は d 項(2)の方法に従って直ちに封入する．スライド中の全個体数をカウントし，250 倍して定量試料に含まれる放散虫個体数に換算する．

(2) **種構成調査用スライド（F スライド）の作製準備**　Q スライドを作製した際に残った残渣を乾燥させる．乾燥残渣の予備検鏡を行い，個体数が 500〜600 個体になる分割数を検討して，残渣を分割する．残渣量が十分ある場合は，有孔虫と同じ要領で分割器を用いて分割する．残渣量が少ない場合は，砂山法で等分割を繰り返す．等分割試料（aliquot portion）を封入用残渣とする．封入方法は d 項(3)に従うこと．

(3) **残渣が少量の場合の等分割方法**　残渣をさっと扇形に流す．きれいな扇形に分級が見えていれば成功である．カバーグラスを使って，扇形の長軸を境に等分割し，適量になるまで繰り返す．分割残渣は，管ビンまたは薬包紙に包み，試料番号と分割数を表書きする．

d. **封入スライド**

細胞質の形状やアカンタリア*を観察したい場合は，固定液に入ったまま仮固定スライドを作製する．それ以外は封入プレパラートにする．現生標本は屈折率が高めの封入剤のほうが見やすい．永久保管を目的とする場合はカナダバルサム（屈折率 1.54），半永久保管の場合は微化石スライド作製用紫外線硬化剤（屈折率 1.50），10 年程度の短期保管でよい場合はエンテランニュー（屈折率 1.49〜1.50）と使い分

用語

アカンタリア　海洋に広く分布する放散虫の一群のこと．硫酸ストロンチウムでできた放射状の骨格（棘針）が特徴的である．

ける．カナダバルサムやエンテランニューは使用前に粘度を「ハチミツ程度」に調整する（400～800 mPa s^{-1}）．封入スライドのつくり方は，水入り残渣から作製する方法と乾燥残渣から作製する場合で異なる．放散虫は数百 μm と大きいので，完成時に封入剤の厚みが 0.5～0.6 mm となるようにつくらないと失敗する．

(1) カナダバルサムの事前調整

[必要な道具]　スライドグラス，22×22 mm のカバーグラス，トラガカント，トラガカント塗布用の筆，スライド作製用の筆，カナダバルサム，キシレン，駒込ピペット，スクリュー管ビン，ラベル用のシール，薬さじ．

　カナダバルサムのビンの中に，表面を薄く覆う程度のキシレンを流し入れる．ビンの蓋を軽く閉じ，60℃ に調整した恒温乾燥器に一晩入れる．カナダバルサムが柔らかくなったことを確認し，「ハネータワー」など先がやや細いプラスチック容器に 8 分目まで移し入れる．容器にキシレンを加え，60℃ でハチミツ程度の硬さになるように調整する．その状態の容器を一～二晩，同じ温度の乾燥器中に放置しバルサムを均質化させ，均質になったらバルサムの上にキシレンを薄く流し，表面の乾燥を防ぐようにして保管する．

(2) 水入り残渣からの封入スライド作製方法

温度調整ができるホットプレートの作業面をアルミ箔で覆う．カバーグラス数枚（24×40 mm）に水で薄めたアラビア糊を薄く塗り，アラビア糊を塗った面を上に向け，約 50℃ にしたホットプレートで暖めておく．試料をスポイトで吸い取り，全量を暖めていたカバーグラス上に配分する．木製焼き鳥棒を使って，カバーグラスの全面に一様に試料を伸ばす．乾燥後，カバーグラスの上にキシレンを 1～2 滴垂らす．ハチミツ程度の粘度に調整したバルサムを木製焼き鳥棒でスライドグラス上に垂らし，カバーグラスをその上にかぶせ，気泡が入らないように接着させる．このときカバーグラスは押さないこと．予定している試料全量を封入できるまで，作業を繰り返す．封入を終えたスライドを 60℃ の恒温乾燥器に 1 週間ほど入れて溶剤を抜く．

(3) 乾燥残渣の封入スライドの作製方法

薄いトラガカントまたは水でといたアラビア糊をスライドグラスに塗って乾燥させる．糊を塗る面積は，使用するカバーグラスと同じにする．スライドグラスの糊面に乾燥残渣を均一になるようにまく．残渣が分級するので，全体に撒きながらだんだん濃くすることがコツである．残渣を吹き飛ばさないように蒸気を与え，糊が湿るようにする．乾燥する前にスライドグラスを薬包紙の上で静かに逆さにし，貼り付かなかった残渣を薬包紙に自然に落下させる．指や筆の柄で軽くはじいて貼り付きの悪い残渣も落とす．糊からはみ出ている残渣を筆でその薬包紙に落とした後，薬包紙の残渣を回収する．スライドグラス上で残渣の濃度が薄い場合は回収した残渣で作業を繰り返し，鏡下で見やすい粒子濃度にする．粒子を載せたスライドが乾燥したら，1 滴のキシレンを静かに垂らし，乾燥する前に封入剤を適量静かに流す．封入を終えたスライドは，カナダバルサムで封入した場合は 60℃ の恒温器に 1 週間ほど入れて溶剤を抜く．

2.3.2 硬質岩石

固結度の高い泥岩にはボロン処理を，珪質泥岩，凝灰質泥岩，チャートにはフッ化水素酸処理を用いる．ノジュールからは保存のよい放散虫が大量に得られることがあるので，積極的に酸処理をする．日本の石灰岩にはもともと残っていないか，放散虫個体をうまく分離できないことが大半である．

a. ボロン処理

ボロンとはカリウムの定量に使われる薬品，テトラフェニルホウ酸ナトリウムのことで，雲母層間のカリウムを溶出ないし交換することによって，岩石を膨張させ破壊する．高価な薬品なので，使用量が最小限となるように工夫をすること．

[手 順] あらかじめ試料を小指大に砕き，完全乾燥させ計量しておく．純水 735 ml を入れた 1000 ml ビーカーに NaTPB 50 g を溶かす．全量が溶けきったら，NaCl をそのビーカーに同様に少しずつ投入して全量を溶かす．NaTPB と NaCl 全量が溶けきると少し白濁した状態になる．ボロン溶液を試料全体が浸りきるまで注ぐ．試料が泥化していたら，岩片が多少残っていても水洗処理を行う．水洗処理は白い泡が目立たなくなるまで繰り返す．

未使用のボロン溶液は暗所で保管し，1〜2 週間で全量を使い切るようにする．

b. フッ化水素酸処理法

フッ化水素酸は極めて危険な薬品なので，完全防備で作業に望むこと（図 2.16）．岩石の基質と放散虫が時間差で溶解する性質を利用するため，長時間浸けておいたり，高濃度で処理すると放散虫が残らない．古生界〜三畳系の珪質岩試料を扱う場合，コノドント*の抽出処理を行う場合もある．コノドント処理では，1〜2 cm の小片数個を 10 wt% 程度の濃フッ化水素酸で 6〜8 時間浸けて残渣を回収する．

2.3.3 現生試料

a. 生細胞観察・分子系統解析用

試料から目的とする生物だけを抜き出す作業をソーティングという．ソーティングの基本は，放散虫だけをピペットで引き抜き，長生きさせることである．生細胞は弱いので，薬品につけたことのある道具は洗浄後でも利用しないことと，ステンレスなど金属製品の使用を避けることが肝要である．また，顕微鏡などに海水が付着しないように，道具をこまめにからぶきする．現生試料では，仮固定スライドで検鏡後に廃棄するか，封入スライドをつくって保管する．

（1）ソーティングの一連の作業　生細胞観察に使う道具で，ピペット，シャーレなどは使用前に海水で洗浄する．セルカルチャープレートのそれぞれのセルの高さの半分程度に，あらかじめ汲んでおいた現場海水か濾過海水を注いでおく．3.5〜9 cm の平底シャーレから，放散虫入りの少量の海水をピペットで吸い上げる．道具はあらかじめ海水で洗浄・乾燥させ，顕微鏡に海水がつかないようにする．生きのよい放散虫を選び出して 1 細胞ずつピペットで吸い上げ，セルカルチャープレートに移す．生きのよい放散虫がいる間（たいてい 2 時間以内），この一次ソーテ

用語

コノドント カンブリア紀から三畳紀にかけて生息していた，コノドント動物の体組織の一部が化石化したもの．主成分はリン酸カルシウムであり，主に歯状・櫛状の形態をとる．

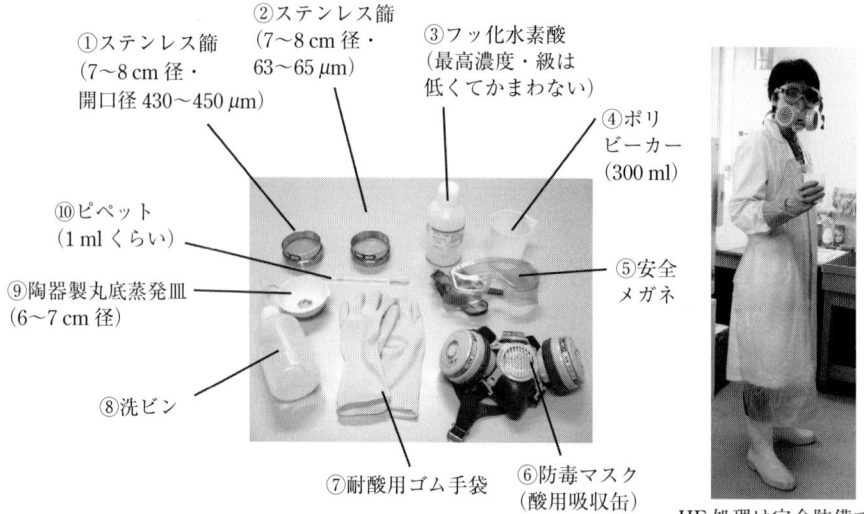

①ステンレス篩
(7〜8 cm 径・
開口径 430〜450 μm)

②ステンレス篩
(7〜8 cm 径・
63〜65 μm)

③フッ化水素酸
(最高濃度・級は
低くてかまわない)

④ポリ
ビーカー
(300 ml)

⑤安全
メガネ

⑥防毒マスク
(酸用吸収缶)

⑦耐酸用ゴム手袋

⑧洗ビン

⑨陶器製丸底蒸発皿
(6〜7 cm 径)

⑩ピペット
(1 ml くらい)

HF 処理は完全防備で！
酸処理用スクラバーつき
ドラフト内で．

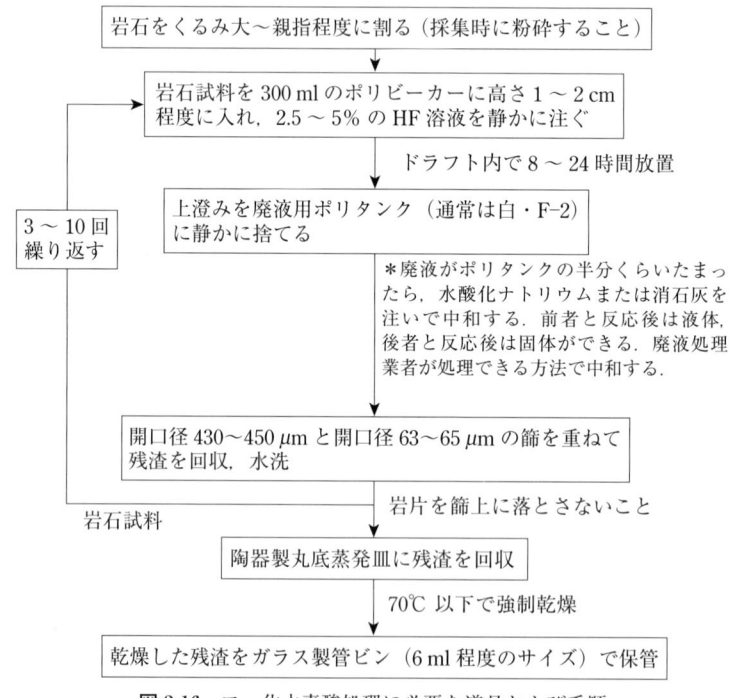

岩石をくるみ大〜親指程度に割る（採集時に粉砕すること）
↓
岩石試料を 300 ml のポリビーカーに高さ 1〜2 cm 程度に入れ，2.5〜5% の HF 溶液を静かに注ぐ
↓ ドラフト内で 8〜24 時間放置
上澄みを廃液用ポリタンク（通常は白・F-2）に静かに捨てる

＊廃液がポリタンクの半分くらいたまったら，水酸化ナトリウムまたは消石灰を注いで中和する．前者と反応後は液体，後者と反応後は固体ができる．廃液処理業者が処理できる方法で中和する．

開口径 430〜450 μm と開口径 63〜65 μm の篩を重ねて残渣を回収，水洗
岩片を篩上に落とさないこと

3〜10 回繰り返す
岩石試料

陶器製丸底蒸発皿に残渣を回収
↓ 70℃ 以下で強制乾燥
乾燥した残渣をガラス製管ビン（6 ml 程度のサイズ）で保管

図 2.16 フッ化水素酸処理に必要な道具および手順

ィング作業を繰り返し，見つからなくなったら，一次ソーティングした放散虫を対象に，放散虫以外のものを移動先に持ち込まないよう再度ソーティングする．この際，同一種を同じセルに入れるなど，目的に応じて整理する．本格的に観察したい場合，1〜2 日ほどおくと細胞が自然な挙動をする．動画撮影装置をつけて記録するとよい．

(2) **分子系統用**　通常の生細胞用の一次ソーティングを行う．1 細胞ずつ，濾

過海水を入れた血液検査用3セルスライド上で3回移してクリーニングする．2回目のソーティングでは数時間〜1日ほど放置して食べたものを完全に消化させ，コンタミネーションを防ぐ．最後に，特級エタノールやGITCで固定する（要冷蔵）．

b. 生死判別・蛍光顕微鏡用

生死判別は，ローズベンガルで染色した標本を永久プレパラートにして観察する．生細胞の確実な判定は，透過型顕微鏡を使うなら酸性ルゴール溶液（5 wt%）で固定した細胞を用いる．蛍光顕微鏡観察ならば，中性ホルマリンで固定した細胞のDNAを蛍光試薬Hoechst 33342で染色し，仮固定スライドにして検鏡する．スライドの作製方法は以下の通りである．

[ローズベンガル染色と永久プレパラートスライドのつくり方]　固定試料の濃度を調整する（濃集するときは篩や遠心分離器を，希釈するときはプランクトン分割器などを使う）．$0.5 \, \text{g l}^{-1}$のローズベンガル水溶液量とプランクトン試料の量が1：1となるように混合し，ゆっくり撹拌して一昼夜ほど静かに置いておく．翌日作業に入る前に，2.3.1.d項(2)にあるようにカバーグラスを暖め始める．ローズベンガル染色をした試料を，目あい38〜45 μmの篩を用いて弱い水流で水洗し，余分な染色液を落とす．水洗した試料をスポイトで吸い取り，封入用サンプルとする．その後の作業は2.3.1.d項(2)と同様に行う．

c. プランクトン試料から有機物の除去

固定したプランクトン試料では，大型動物プランクトンの表面やゼラチン質物質に放散虫が吸着していることが多い．正確な群集組成を知るためには，濃硝酸など強酸により有機物を除去した骨格標本にする必要がある．濃硫酸に一昼夜，常温でつけておく方法もあるが，飛沫による火傷に注意する．強酸を使う作業は必ずドラフト内で行うこと．

[鈴木紀毅]

2.4　珪　　藻

珪藻の試料処理は，一般に分離処理（試料処理）と検鏡試料作製（標本作製）とに分けられ，それぞれ別途に説明されることが多いが，両者を区別することが困難な場合もあるので，ここでは簡易処理法，標準処理法（薬品処理法），および標本作製法に分けて説明することとする．

2.4.1　簡易処理法

薬品処理を省略した方法で，短時間で作製できる利点がある．未処理散布スライド法とスミアスライド法が代表的であるが，散布スライドでは珪藻殻が一定方向に一定レベルに配列するのに対して，スミアスライドではスライド中に珪藻殻が乱雑に固定されるため，詳しい観察や永久保存には適していない（図2.17）．

a. 未処理散布スライド法

この処理法の利点としては，短時間でスライドが作製でき，前処理を含めたスラ

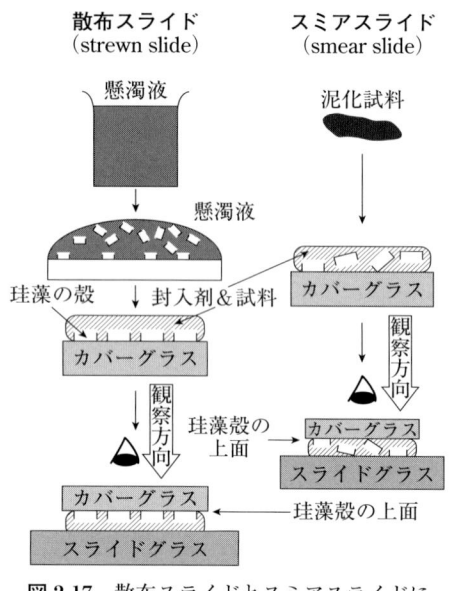

図 2.17 散布スライドとスミアスライドにおける珪藻殻の配列の仕方

イド作製を1日で30試料程度，比較的簡単に行えること，堆積物中の鉱物や有機物の含有量・組成の特徴を把握できるので，泥質岩の顕微鏡による岩相調査としても活用できること，粒子が均一に分散したスライドを作製しやすいこと，薬品類を一切使用しないので，作業が安全に行えて後始末も簡単であること，および標準処理法の予察試料としても活用できることなどがある．

[用意するもの]　プラスチックカップ（容量95 ml, 以下カップ，ビーカーでも可），小型のプラスチックスプーン（以下スプーン），ストロー（径4.5 mm, 長さ180 mm, あらかじめ1/2に切っておく），トレイ（L 350 mm×W 250 mm×50 mm），ホットプレート（またはパラフィン伸展器），カバーグラス，スライドグラス，マウントメディア，ラベル，マジック，ティッシュペーパー，ピンセット，アルコールランプ．

[試料の泥化と懸濁液の作製]

（1）試料番号を書いたカップをトレイに並べて，試料0.5～1 gを入れる．未固結の堆積物についてはスプーンで必要量をとってそのまま入れる．また固結岩・半固結岩についてはあらかじめ米粒大に砕いたものを投入した後，スプーンも入れる（図2.18）．

（2）簡易浄水器を通した水道水（以下，水道水）を沸騰させて，試料の入ったプラスチックカップに2 cm程度の高さまで入れる．5分程度放置して粗熱がとれた後，試料とカップの間に水道水を介在させながらスプーンで繰り返し静かに押しつぶして，やや濃い目の懸濁液ができるまで泥化させる．

（3）カップの上面から1 cmほど下まで水道水を加えて，約15～20秒間放置した後，上澄みの懸濁液を別のビーカーに移して，底に沈んだ粗粒部を除去する．この操作を2～3回繰り返した後，水道水を加えて懸濁液をスライド作製に適切な濃度に調整する．

[スライドの作製]

（4）カバーグラスをホットプレート上に並べ，1/2に切ったストローを懸濁液に入れる．ストローで5秒程度完全に撹拌した後，10秒程度放置して，ストローで懸濁液を吸い取り（約0.3 ml），カバーグラスに滴下して全面に広げる（図2.19）．

（5）65℃に設定したホットプレート上で乾燥（10～15分）させる．封入剤のプリューラックスをカバーグラスに2～3滴ほど滴下して，同じく65℃で乾燥して溶剤を抜く（20分程度）．この後のスライドの作製法は2.4.2項と同じなので，そちらを参照されたい．

b. スミアスライド法

使う封入剤を除けば2.2.1.a項で述べた方法と同じであるため，そちらを参照さ

2.4.2 標準処理法（薬品処理法）

　この処理法は Kanaya（1959）以来，多くの研究者が伝統的に長年にわたって踏襲してきた標準的な方法である（図 2.20）．基本は，過酸化水素水と塩酸を使って有機物や炭酸塩を除去し，試料の構成粒子を分離・分解した後，粒子の沈降速度差を利用して珪藻殻よりも重い鉱物粒子や軽い粘土粒子などを除去する．

　ここでは主に小泉・谷村（1978）や柳沢（2000）を参考にして説明する．

　（1）試料の粉砕：固結岩・半固結岩については，塊を紙などに挟んで，上からハンマーで静かにたたいて大豆〜小豆大に砕く．

　（2）乾燥：試料 1〜2 g を，乾燥機を用いて 60〜70℃ で 24 時間程度乾燥させる．

　（3）秤量：試料が冷めるのを待って秤量する．

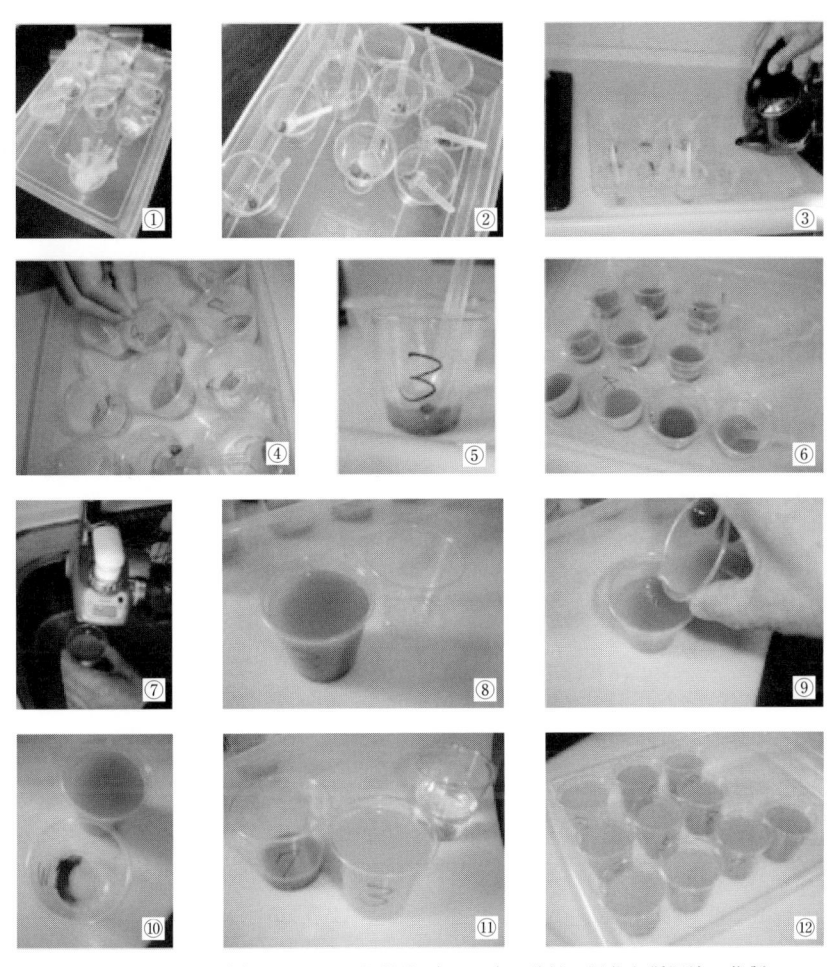

図 2.18 未処理散布スライドの作製法（その 1）：試料の泥化と懸濁液の作製
①試料を用意，②カップに入れる，③熱湯を注ぐ，④試料をスプーンでほぐす，⑤スプーンでさらに泥化，⑥泥化の完了，⑦水を注ぐ，⑧懸濁液を約 10 秒放置，⑨上澄みを別カップに移す，⑩粗い残滓を除去，⑪懸濁液を希釈，⑫スライド用懸濁液の完成．

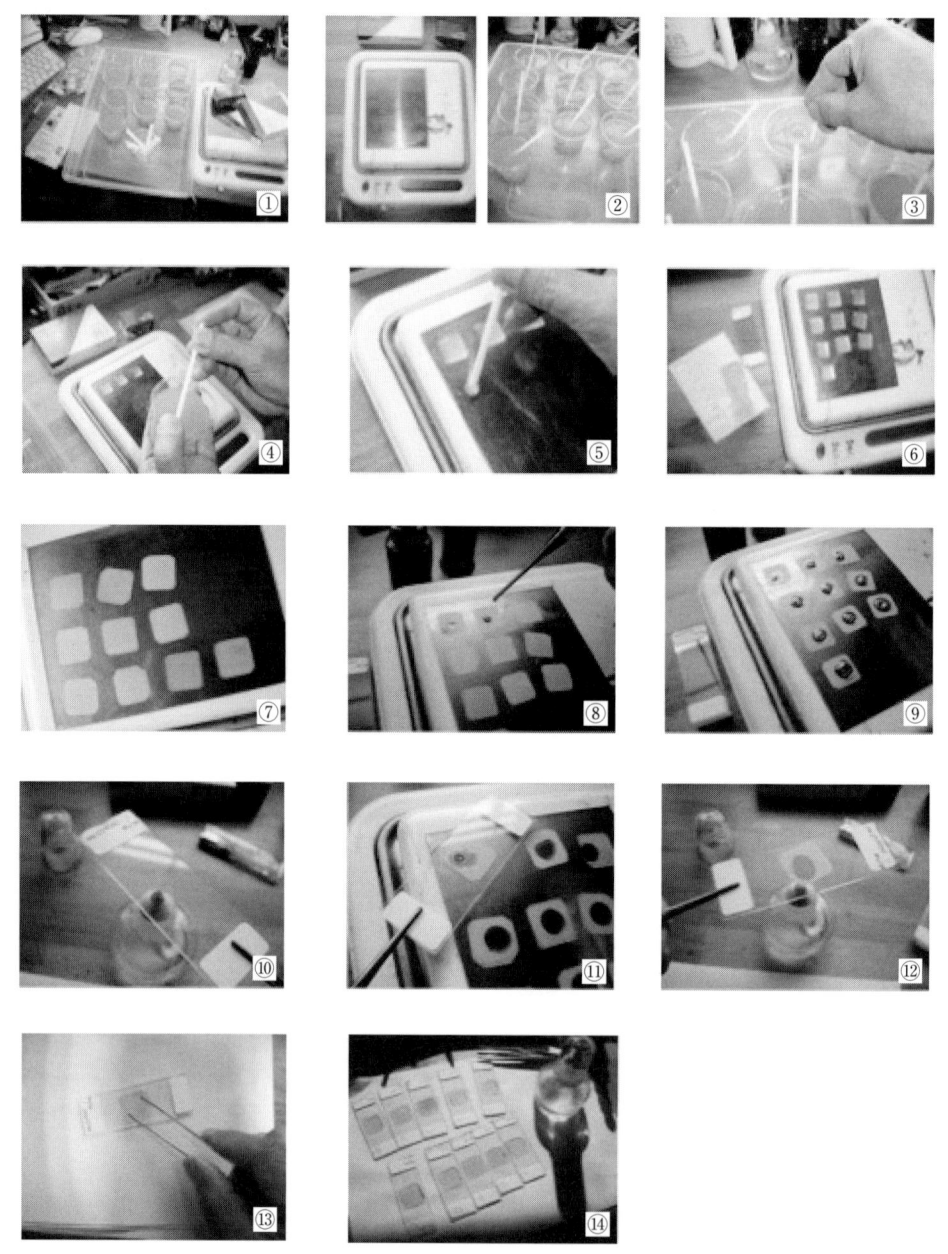

図 2.19 未処理散布スライドの作製法（その 2）：プレパラートの作製
①スライドなどの準備，②カバーグラスやストローを準備，③懸濁液を撹拌，④懸濁液の吸い取り，⑤懸濁液の滴下，⑥懸濁液の乾燥，⑦懸濁液の乾燥完了，⑧封入剤の滴下，⑨封入剤の溶媒を除去，⑩スライドの下面を温める，⑪封入剤と接合，⑫封入剤を温めて延ばす，⑬カバーグラスを密着，⑭プレパラートの完成．

（4）過酸化水素水処理：試料の入った 200 ml のビーカーに濃度 15% 程度の過酸化水素水 30～50 ml を入れて沸騰させ，それに試料を入れて発泡がおさまるまで煮沸し，有機物を分解する．炭酸塩コンクリーション試料の処理では，最初に塩酸処理を行い，その後で過酸化水素水処理を行うのが効率的である．

図 2.20 標準処理法（薬品処理法）の手順
①過酸化水素水と塩酸を準備，②ドラフト内での処理，③過酸化水素水を加える，④バーナーで煮沸，⑤激しい反応は水で制御，⑥塩酸を加える，⑦反応が終わるまで放置，⑧蒸留水を加え放置，⑨上澄みを捨てる，⑩分散剤溶液を加える，⑪上澄みを捨てる，⑫各種処理法の違いの比較．

(5) 塩酸処理：炭酸塩の入っている試料については，さらに 1 N の塩酸を 20〜30 ml 加え，反応が終わるまで煮沸して炭酸塩を溶かす．炭酸塩の含有量が多く発泡が激しい場合には，適宜蒸留水を加えて反応を穏やかにする．

(6) 未分解試料の秤量：反応後の懸濁液を撹拌して 10〜20 秒放置し，上澄みを別のビーカーに静かに移した後，底に残った未分解の岩片や鉱物粒子などを洗浄後乾燥させ，秤量する．処理した試料の重量からこの重量を引くことにより，泥化した試料の重量が出る．

(7) 酸の除去：別のビーカーに移した懸濁液に蒸留水を加え，全量を 200 ml としてよく撹拌する．5 時間放置し，ビーカーの底にたまった珪藻殻を含む沈殿物を流出しないように，ビーカーを静かに傾けて上澄みを捨てる．この操作を 3〜4 回繰り返して酸を抜く（この作業は，懸濁液を遠沈管に分割して遠心分離器（1500

rpm，2分間）を使用することで効率化できる．以下の(8)と(9)の作業も同じ）．

(8) 粘土の除去：分散剤として0.01 N ピロリン酸ナトリウム溶液を加えて，全量を200 ml としてよく撹拌する．約5時間放置した後，白く濁った上澄みを静かに捨てる．上澄みの濁りがなくなるまで，この操作を繰り返す．適正な分散剤の濃度は試料の状態によって異なるので，適宜調整する．

(9) 分散剤の除去：蒸留水を加えて全量を200 ml としてよく撹拌し，約5時間放置後，沈殿物を逃さないように上澄みを捨てる．この操作を3～4回繰り返して分散剤を抜く．

(10) 保存：懸濁液に蒸留水を加えて一定量とし，管ビンに入れて保存する．長期間保存する場合，少量のホルマリンと酢酸を加えることにより，カビや雑菌の発生を防ぐことができる．

2.4.3 標本作製

上記の薬品処理法で精製した珪藻試料から検鏡標本を作製する方法には，散布法（懸濁法），フィルター法（吸引法），フィルター法（ふるい分け法），および個体スライドの作製法がある．これらの中で，散布法（懸濁法）によるスライド作製が最も一般的な方法として汎用されている．

a. 散布法（懸濁法）

カバーグラスをホットプレートの上に並べる．処理済みの懸濁液をピペットで一定量とって試験管に入れ，一定量の蒸留水で希釈する．希釈の程度は，観察しやすい濃度に調節する．懸濁液をよく撹拌し均質にした後，ピペットの先端を液の中位に入れて0.5 ml を吸い取り，カバーグラス全面に広がるように滴下する．数分間放置し，珪藻殻がカバーグラスに定置するのを待つ．珪藻殻が対流によって巻き上がらないように，低温（50～60℃）で乾燥する．乾燥後，プリューラックスを2～3滴ほど滴下して，溶剤が抜けるまで60～80℃で数時間加熱する．スライドグラスの下面をアルコールランプで温めた後，スライドグラスを裏返してカバーグラスに軽く押しつけて貼り付ける．再びスライドグラスの下面をアルコールランプで徐々に温めた後，マッチの軸やピンセットなどでカバーグラス全体を軽く押して，スライドグラスに平行になるように，また気泡を残さないように密着させる．

b. フィルター法（吸収法）

この方法は，処理済み試料をメンブレンフィルター上に定置させて，プレパラートを作製する方法である．

アスピレータの下部に水を入れ，吸引機の吸引圧を低め（-0.3～-0.4）に調整する．メンブレンフィルターをあらかじめ蒸留水で濡らしたベースの上に静かに置く．ベースの上にファンネルを載せて固定する．懸濁液を適量ビーカーにとって，蒸留水で希釈する．アスピレータをオンにして，希釈した懸濁液をファンネルに入れて水を吸引する．吸引の最中はファンネル内壁に粒子が残らないように，上から蒸留水を少しずつ流す．

吸引が完了したら，きれいなピンセットでフィルターをできるだけ傾かないように外して，ガラス板に置く．エタノールなどできれいにふいたカッターナイフを上から押し付けるようにして，フィルターを任意の大きさにカットした後，乾燥させ，生物顕微鏡または走査型電子顕微鏡の観察に用いる．なお，生物顕微鏡による観察には，フィルターを透明化する必要があるため，以下のような手順でのスライド作製が必要である．

(1) ドラフト内で，ホットプレート上にアルミ箔を敷き，50～60℃に設定する．

(2) カットしたフィルターをスライドグラスに載せて，キシレン1～3滴をフィルターの脇から垂らす．次に湿ったフィルターが完全に乾燥する前に，フィルターの上からバルサムを垂らした後，カバーグラスを静かに載せる．

(3) 封入したスライドをホットプレート上に載せて，ドラフトを動かしたままそのまま一晩放置する．

c. ふるい分け法

この方法は，篩を使って試料中の珪藻殻をいくつかのサイズ・フラクションに分け，それらを別々に封入する方法であり，珪藻化石含有量が小さい試料から珪藻殻を濃集したり，特定サイズの珪藻殻を能率的に観察したり，クリーニングしたりするのに効果的である．

懸濁液をビーカーにあけて，蒸留水を加える．これを篩のセットの上から少しずつ流し込み，各サイズの粒子にふるい分けて，それぞれの篩の上から各サイズ・フラクションの試料を回収する．回収した各サイズ・フラクションを使って，スライドを作製する．

d. 個体スライドの作製法

懸濁法やフィルター法では試料に含まれる珪藻殻を全体として標本化するのに対して，この方法は試料から1個体または数個体を摘出してプレパラートを作製するもので，分類学的検討，模式標本や参考標本の作製などに非常に有効な古典的な方法である．

粘土分を完全に除去した懸濁液を用意する．スライドグラスの上に薄めた懸濁液5～10 mlを滴下し，珪藻殻が定置した後乾燥する．銀紙の薄いリングをカバーグラスに接着するか，またはダイヤモンドペンでカバーグラスに丸い印を軽くつけて，円内にトラガントをつけて乾燥させておく．このカバーグラスをもう1枚のスライドグラスの上に置き，珪藻殻を載せたスライドグラスと並べて顕微鏡の検鏡台に載せる．珪藻殻を載せたスライドグラスを40倍の倍率で走査し，目的の珪藻を見つけたら10倍の倍率にして，水で湿らせた細筆の先でつり上げる．筆をそのまま動かさないで視野の中に置き，隣に置いたカバーグラスの印のところへメカニカルステージを動かして，印の中に珪藻殻を落とす．カバーグラスに息を吹きかけると，トラガントが少し溶けて珪藻が固定される．封入剤を滴下して，あとは散布スライドと同じ手順で永久スライドをつくる．

［秋葉文雄・須藤 斎］

3 光学顕微鏡・電子顕微鏡の基本

処理した試料は光学顕微鏡，あるいは電子顕微鏡で観察する．顕微鏡の種類は様々であるが，その性能を十分に引き出すためには，構造の基本を熟知して常に調整をしておく必要がある．特に光学顕微鏡で1000倍以上の高倍率を使用する際には，その調整が不十分であると観察画像も極めて悪くなり，鑑定にも重大な影響を及ぼしかねない．本章では，光学顕微鏡と電子顕微鏡の基本構造と調整方法について概略を述べる．

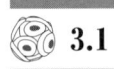

3.1 光学顕微鏡の基本構造

3.1.1 透過型生物顕微鏡

石灰質ナンノ化石など一部の微化石は，サイズが2 μm程度と極めて小さなものがある．したがって，光学顕微鏡での観察は1000〜1500倍の倍率で行うが，この

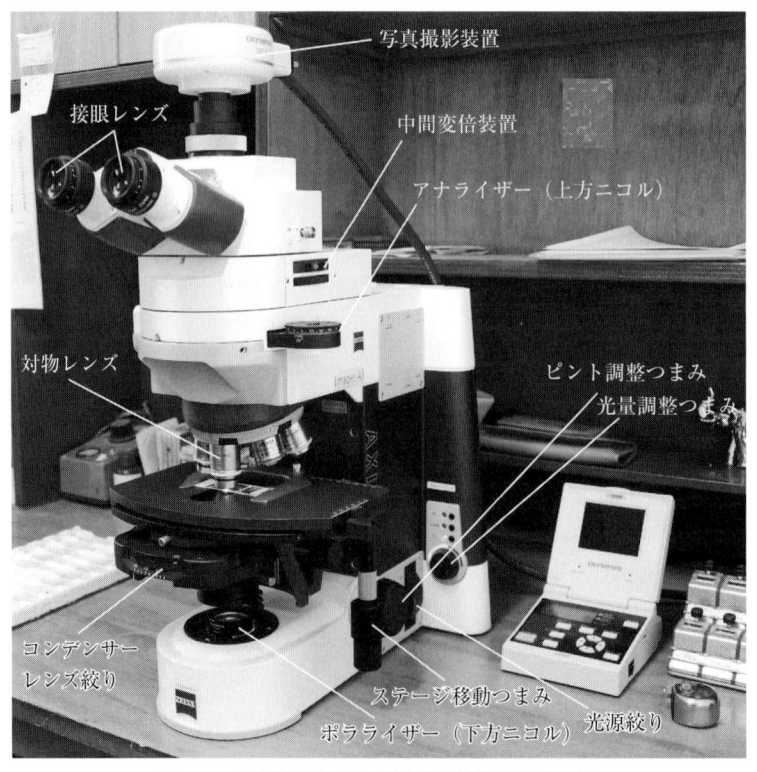

図3.1 偏光装置を備えた透過型生物顕微鏡の例

3.1 光学顕微鏡の基本構造

倍率は光学顕微鏡の分解能の限界に近いため，光軸の調整など顕微鏡の保守には十分な注意を払わなければならない．以下に石灰質ナンノ化石の観察を例に透過型生物顕微鏡の使用法および調整法を述べる．

a. レンズの種類

石灰質ナンノ化石の場合，構成する方解石の配列様式などを光学的特徴からとらえて属，種を鑑定するため，顕微鏡は偏光装置を備えた生物顕微鏡（岩石偏光顕微鏡*でも可）を用いる（図3.1）．レンズは，油浸対物レンズが100倍，接眼レンズが10倍か15倍で，適宜中間変倍を用い，1000～1600倍の倍率で観察する．油浸対物レンズとは，プレパラートとレンズの間にイマージョンオイルを注入し，開口数を上げて観察するレンズである．

対物レンズには，レンズの種類，倍率，開口数，油浸かどうか，製品番号などが刻まれている（図3.2）．レンズの種類は多いが，一般に生物顕微鏡に装着されている対物レンズは，アクロマートレンズと呼ばれる2色の色収差（普通は青，赤）を補正したレンズが多い．しかし，石灰質ナンノ化石のように極めて小さい個体（一般にサイズは$1 \sim 10\ \mu m$）を対象とする場合は，高い分解能をもつ対物レンズが必要である．したがって，特に100倍の対物レンズは，高価ではあるが3色の色収差を完全に補正したアポクロマートレンズを勧める．さもなければ，偏光用レンズが望ましい．また，プランレンズは湾曲収差を補正したレンズで，視野の周辺まで平坦な像が得られるため，必要不可欠なレンズである．開口数（N.A.）は対物レンズの分解能と密接に関係しており，N.A.$= n \times \sin\theta$で表される．ここで，nはレンズと試料間の媒質がもつ屈折率で，一般には空気のため1.0，後述するイマージョンオイルをさす場合は1.51になる．θは光軸と一番外を通る光とがなす角度で，開口数が大きいほど明るく分解能が高くなる．レンズに1.4 oilと記されている場合は，試料とレンズの間にイマージョンオイル（屈折率1.51）をさした場合の開口数が1.4であることを示す．図3.2は油浸レンズの例であり，Plan-APOCHROMAT 100x/1.4Oilと刻まれているが，これは3色の色収差を完全に補正し，湾曲収差を取り除いたアポクロマートレンズであること，倍率が100倍，屈折率1.51のイマージョンオイルを使用した場合の開口数が1.4であることを示す．

b. 石灰質ナンノ化石観察用のステージと偏光装置

生物顕微鏡の試料台ステージは一般に角形であるが，石灰質ナンノ化石の観察では偏光を用いるため，丸形の回転ステージが装着された偏光顕微鏡を使用する場合が多い．しかし，1500倍程度の高倍率であるため，ステージを回転させた際に回転軸がずれ，貴重な標本を見失う場合がある．また，偏光用のコンデンサーレンズは，はねのけ式で開口数も0.9のものが多く，開口数が1.4の油浸対物レンズ100

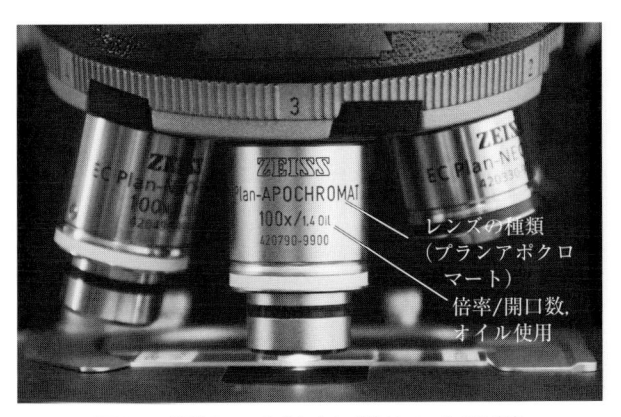

図3.2 対物レンズ（中央に油浸レンズ100倍）

解説

偏光顕微鏡での観察

偏光顕微鏡には2枚の偏光板（ポラライザー・アナライザー）があり，偏光の振動面が直交するよう設置されている．ポラライザーのみで観察を行う場合をオープンニコルと呼び，主に試料の形・色・屈折率などを調べる際に用いる．アナライザーを差し込むと，試料以外の部分を通った光は遮断されるが，試料部分を通った光は屈折するため通過でき，鉱物種や結晶の方向によって異なる鮮やかな干渉色を観察することができる．この状態をクロスニコルと呼ぶ．

また，偏光顕微鏡のステージを回転させながら観察すると，それぞれの鉱物で90°ごとに暗くなる場所がある．この現象を消光と呼び，その方向と鉱物の結晶軸との角度（消光角）は鉱物によって固有である．

倍とは性能の点で対応しない．したがって，レンズの分解能を最大限に引き出すことや観察の容易さのため，次のような装備を装着し観察することを勧める．

ステージを生物顕微鏡で使う角形ステージにして固定し，コンデンサーレンズをアプラナート・アクロマート1.4のような高倍率用にする．簡易ポラライザーを光源に置き（図3.1），360°回転する正規の偏光顕微鏡用アナライザーを顕微鏡に装着する．観察の際は，回転ステージを回転させる代わりにポラライザーとアナライザーを対に回転させ，化石個体の偏光パターンを観察する．なお，簡易偏光のアナライザーは回転しないものが多いため，この方法を行う場合にはなじまない．この装備は，回転ステージの問題解決や，対物レンズの性能を最大限に引き出すことのみならず，観察時のプレパラートのX, Y方向への移動がステージ移動つまみで行えることから，楽な姿勢での観察ができる利点がある．なお，対物レンズ100倍の場合は，コンデンサーレンズを最上位に上げた状態にして観察する．

c. ピント合わせ

低～中倍率で標本を観察する場合は，顕微鏡の横から見ながら粗動つまみでスライドグラスを対物レンズに近づける．その後，顕微鏡をのぞいて徐々にスライドグラスから離していくとピントの合うポイントに達する．

対物レンズが油浸レンズの場合は，細心の注意が必要である．最初に油浸レンズおよびプレパラートをセットし，カバーグラスの観察部分にイマージョンオイルを1滴滴下する．次に顕微鏡を横からのぞき，ステージを油浸レンズに徐々に近づける．オイルとレンズが接触するとグリーンフラッシュのように一瞬光るので，接触した瞬間をとらえることができる．次に顕微鏡をのぞきながら微動つまみで徐々にスライドグラスをレンズに近づけ，ピントを合わせる．慣れると粗動つまみでピント合わせができるようになる．

d. ランプの芯だし，光軸調整

顕微鏡の性能を最大限に引き出すために，ランプの芯だしと光軸調整が必要である．ランプの芯だしでは，対物レンズを10倍程度の低倍にし，フィルター類を外して光源ランプをオンにする．接眼レンズを外して顕微鏡をのぞくとランプの芯が観察されるので，それが中央にくるようにランプの位置を調節する．ランプは高温になるため，取り扱いには注意が必要である．近年販売されている顕微鏡のほとんどは芯だし調整が不要であるが，一部古い顕微鏡については必要である．

一方，光軸調整は高倍での観察には欠かせない．対物レンズ100倍を用いる場合の調整では，最初に光量を小さめにし，光源絞りを絞る．ポラライザーを外し，プレパラートを外した状態で100倍対物レンズをコンデンサーレンズに近づけると，絞り環にピントが合う（図3.3左）．このとき，イマージョンオイルは用いない．光軸調整つまみ（図3.4）を用いて絞り環を中心部に移動させ光軸調整は完了となる（図3.3右）．コツとしては，光源絞りを視野よりやや大きめにセットする．ピントが合っても光源絞りが見つからない場合は，光源絞りをやや大きめにし，絞り環の縁辺部を探し出す．絞り環が見つかったら，光軸調整つまみで絞り環を中心に

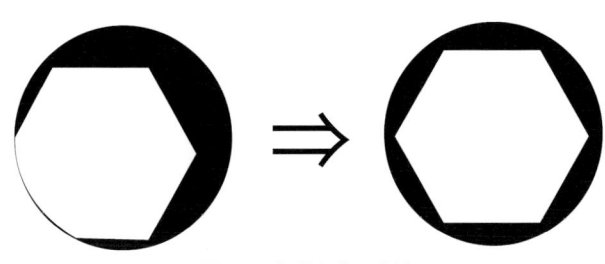

図 3.3 光軸調整の方法

もってきて再び光源絞りを最小にする．これで絞り環が中心に来ていれば，光軸調整は終了である．なお，光源絞りの位置は機種によって様々であるが，図 3.4 のポラライザーの下にあるものが多い．

e. 油浸レンズ使用上の注意

レンズに oil と記された油浸レンズではレンズとプレパラートの間に油をさす（図 3.5）．その際，油に泡などが混入しているとピントを合わせることができない．その場合は，レンズのレボルバーを軽く左右に 1，2 回振ることによって泡を消すことができる．油浸レンズの分解能を最大限に引き出す場合は，レンズとプレパラートの間と，プレパラートとコンデンサーレンズの間の両方に油をさすとよい．高倍用のコンデンサーレンズにはオイル受けの溝があり（図 3.6），あふれた油を受けるようになっている．使用後はコンデンサーレンズをレンズクリーナー液で清掃し，改めて光軸調整する．この方法は，油浸レンズの性能を最大に引き出すが，その都度コンデンサーレンズの清掃と光軸調整を行う必要があるため，実際に用いるかどうかについては，効果を考えて判断したほうがよいであろう．

高倍のレンズの場合，焦点深度（ピントの合う深度範囲）が極めて浅い．石灰質ナンノ化石のような偏光で観察する微化石でも，オープンニコルで形態を観察する

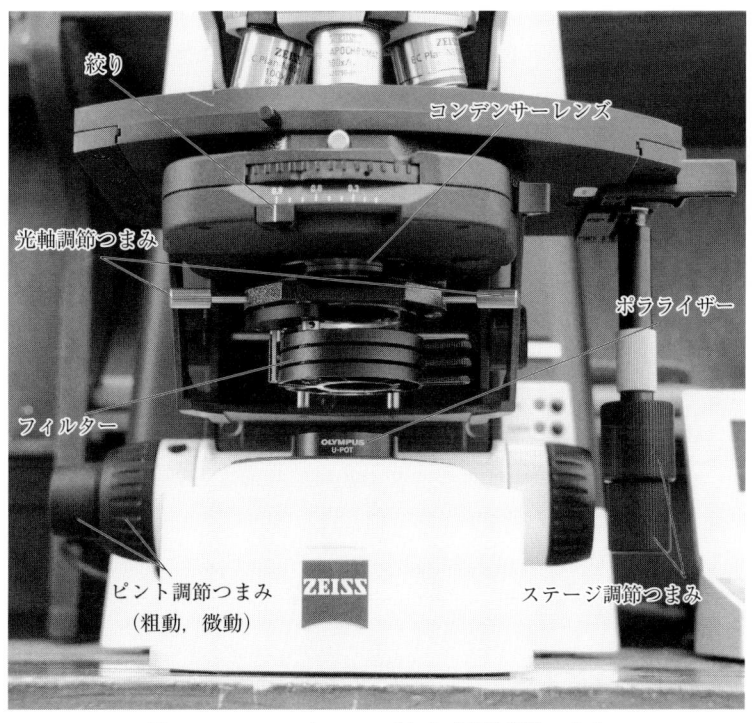

図 3.4 コンデンサーレンズおよび光軸調整つまみ

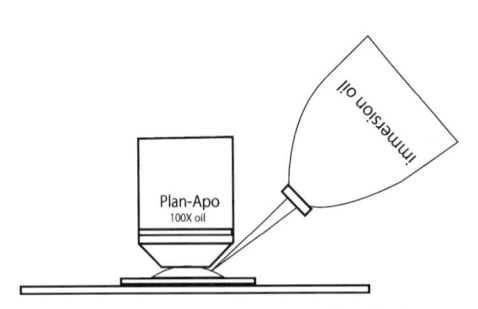

図3.5 イマージョンオイルの使用方法

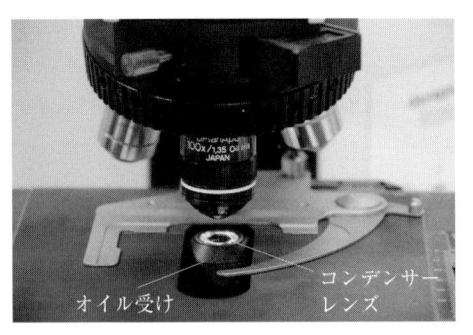

図3.6 コンデンサーレンズのオイル受け

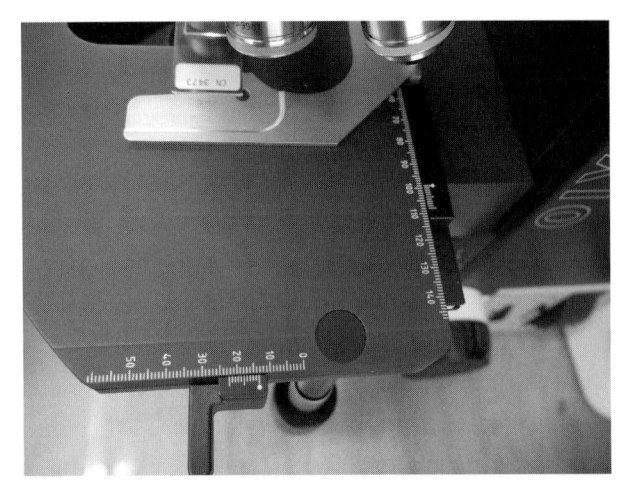

図3.7 メカニカルステージ

場合がある．その場合，焦点深度を深くするためだけでなく，個体の輪郭を明瞭にするために，コンデンサー絞りを若干絞ることによって全体の像を観察できる．ただし，これによって分解能が落ちる欠点がある．

f. 標本位置の特定

角形ステージにはX，Y方向に目盛が刻まれている（図3.7）．これは標本位置を決定するためで，図にあるような状態の場合は，ノギスの原理と同じく主尺と副尺の位置関係から13.3，99.0と読む．また，試料位置の特定にはイングランドファインダー（1 mm間隔の格子が付いたスライド）を用いる場合がある．記録したい種を視野の中央に置いた後，そのスライドグラスを取り外し，イングランドファインダーをステージに載せて，それに記された位置を記録する．その他，マーキングアパレータスという器具を用いてカバーグラスの上に小円で印を付ける方法などがあるが，多くの場合，角形ステージに付属する目盛で標本位置を再現できる．

g. 標本サイズの計測

対象とする微化石標本のサイズを測定するには，接眼マイクロメーターを用いる．接眼マイクロメーターには100等分された目盛が入っており，これを接眼レンズに取り付ける．これとは別に観察時に使用する対物レンズをセットし，ステージに対物マイクロメーターをセットする．対物マイクロメーターには，1 mmを100等分（1目盛りが10 μm）した目盛が刻まれている．これを観察時の接眼レンズと対物レンズの組み合わせで見て，接眼レンズに刻まれた接眼マイクロメーターの1目盛りと，対物マイクロメーターに刻まれた目盛とを比較することによって，何μmに相当するかを読み取ることができる．対物レンズの倍率を変えた場合や，中間変倍を使った場合には接眼マイクロメーター1目盛りの値が変わるため，それぞれの組み合わせで接眼マイクロメーターの1目盛りが何μmになるかを測定してお

く．これによって，対象とする標本を接眼マイクロメーターで測定し，標本サイズを計測することができる．
[佐藤時幸]

3.1.2 落射蛍光顕微鏡

落射蛍光顕微鏡（epi-fluorescence microscope）は，細胞器官や細胞内物質の分布を観察するためにルーティンで使用する顕微鏡である．

落射蛍光顕微鏡は，試料の上から光を当て戻ってくる光を上から観察する．光源からの光は様々な波長からなるので，干渉フィルター（interference filter：IF）の一種，励起フィルター（excitation filter：EX）を通して不要な波長を遮断した励起光にする．この励起光をダイクロイックミラー（dichroic mirror：DM）と呼ぶハーフミラーで反射させて対物レンズに送る．ダイクロイックミラーは，励起光を反射するが蛍光は透過するように設計されている．励起光が試料に当たり電子励起によって蛍光が出ると，その蛍光は再び対物レンズを通して鏡筒に戻ってくるが，目的の蛍光と一緒に様々な波長の光も戻ってくる．そこで，再びダイクロイックミラーで目的の蛍光波長より短い波長の光を遮断する．さらに目的の波長を効率よく観察できるように，接眼レンズに光が達する前に，別のIFである吸収フィルター（barrier filter：BAまたはemission filter：EM）によって不要波長を遮断して，最終的な観察光にする．

蛍光試薬で求められている励起・蛍光波長は様々なので，EX，DM，BA（EM）の組み合わせは試薬ごとに固有である．固有の組み合わせを簡単に交換できるように，フィルターキューブ（filter cube）と呼ばれるブロックユニットになっていて，それを落射蛍光顕微鏡のブロックソケットにはめ込んで使用する．正しいブロックユニットを用いることが重要で，それぞれのIFについて，ショートパスフィルター，ロングパスフィルター，バンドパスフィルター（band path：BP）のいずれになっているのか確認する．ショートパスフィルターはある波長より長い光を遮断，ロングパスフィルターはある波長より短い光を遮断，BPはある範囲の波長の光以外を遮断するフィルターである．

電子励起によって蛍光を発生させるには強エネルギーの光が必要である．そのため高圧水銀ランプなどが光源に採用され，さらにその中でも強エネルギーの得られる波長である輝線スペクトルが励起光として選ばれる．それぞれに略称があり，U励起（主要な波長：365/366 nm），V励起（404.7 nm），BV励起（435.8 nm），B励起（490 nm），G励起（546.1 nm），Y励起（577.0/579.1 nm）光とそれぞれ呼ばれている．高圧水銀ランプは強エネルギーを放出する光源なので，他の種類の顕微鏡よりも注意深い取り扱いを要する．点灯後には直ちに使用可能だが，消灯後はランプが十分冷却するまで再点灯してはならない（～1時間）．また切れるときに閃光を放つおそれがあるので，光量が不安定になったら直ちに使用を中止して新品に交換する．高圧水銀ランプの電源部には使用積算時間を表示するカウンタがあるため，寿命時間に達しそうになったら必ず交換し，カウンタをリセットする．使用を

終えたら電源を切るだけでよいが，水銀ランプの光源ユニットは高温になっているので，顕微鏡カバーで光源を覆わないように注意する．近年は LED など他の光源が採用された蛍光顕微鏡も増えてきている．

　蛍光は，より強いエネルギーの光を当てれば明るくすることができるが，試料へのダメージも大きくなり蛍光を放出する時間が短くなる．分子構造を破壊することになるので，いったん失ったら同じ方法では二度と蛍光を発しない．例えば，微化石のシリカ観察で使う PDMPO では，骨格成長の際に取り込まれた部分は例外的に 30 分程度の連続観察ができるが，細胞質部分で染色できた部位では数秒で蛍光を失う．このように蛍光が失われていくことを褪色と呼ぶ．褪色を遅らせるために，普通 2-メルカプトエタノールなどの褪色防止剤を用いるが，毒性のあるものが多く，取り扱いには注意を要する．褪色を抑えるためには光量も抑えるのが望ましく，減光フィルター（ND フィルターなど）を使って蛍光を視認できるギリギリの暗さで観察する．観察が可能な時間を少しでも長く確保するため，励起光を照射する前に試料の表面にピントを合わせておくとよい．撮影の際は，ノイズが目立たない画像撮影ができるギリギリの暗さまで光源の光量を落とし，蛍光観察を始めたらピントを少しずつずらして手早く数枚〜数十枚撮るようにする．褪色が早い場合は，視認より撮影を優先する．論文に掲載する画像に修正するため，撮影は RAW 画像形式が望ましい．特に散乱光特性を補正するデコンボリューションを行うことが多い．

[鈴木紀毅]

3.1.3　双眼実体顕微鏡

　双眼実体顕微鏡（図 3.8）は，主に有孔虫化石や貝形虫化石のように，プレパラートを作製せず試料から直接個体を抽出して観察・同定をする際に，立体物を立体的に拡大し観察するために用いられる．実体顕微鏡には，大きく分けてグリノー式とガリレオ式（平行光学系）の 2 種類がある．グリノー式は接眼レンズから対物レンズまでの光軸が左右角度をもってそれぞれ完全に独立し，対物レンズも左右独立である．一方，ガリレオ式は接眼レンズから対物レンズまでの光軸が左右平行になり，対物レンズは 1 つとなっている．グリノー式は立体視で優れており，コンパクトな設計になっている．これに対し，ガリレオ式は落射蛍光や偏光などの装置が追加でき，機能拡張性の点で優れている．変倍には，安価なターレット式の変倍式やズーム式がある．

　通常は落射照明装置を用い，有孔虫や貝形虫の拾い出しには 20 倍前後，同定の際には 80 倍以上の高倍率が必要とされる．落射照明装置は，双眼実体顕微鏡に付属す

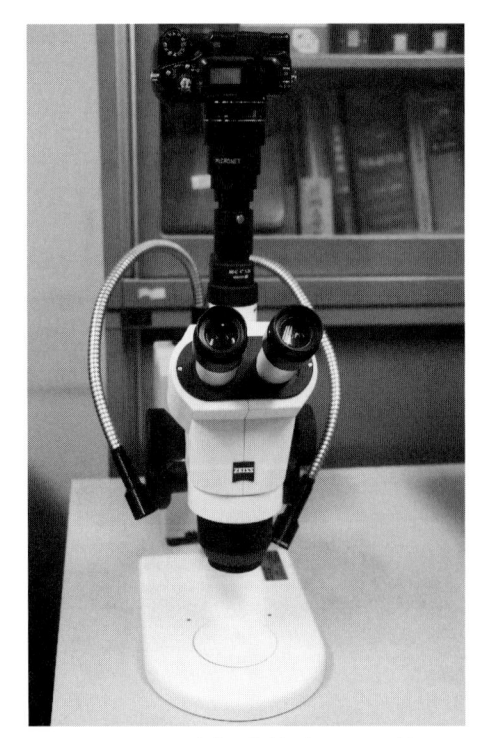

図 3.8　双眼実体顕微鏡（グリノー式）

るリングタイプや，ファイバースコープ型の LED 照明装置など様々である．

[入月俊明]

3.2 電子顕微鏡

　電子顕微鏡の使い方は機種に固有な操作が多くて網羅できないので，ここでは微化石をきれいに撮影するために必要な電子顕微鏡の知識を整理する．

　電子顕微鏡は，数百～数十万倍で試料を観察するために使う．光学顕微鏡像も技術的にはいくらでも拡大できるが，隣り合うものを区別できる最小距離で指標する分解能は，光学顕微鏡では光源の波長と対物レンズの開口数（N.A.）で決まり，透過型光学顕微鏡では 200～300 nm が限界とされる．それに対し，波長が短い電子を"光源"とする電子顕微鏡の分解能は高く，微化石研究で使うような加速電圧では 0.1～0.3 nm 相当の分解能を得られる．電子顕微鏡の基本構造は光学顕微鏡と似ていて，"光源"として電子銃と呼ばれる線源があり一次電子を照射する．一次電子の"光路"を制御するために，電子顕微鏡では電場干渉や磁場を利用した集束レンズや偏向コイルが使われる．電子顕微鏡の検出器と可視化装置が"接眼レンズ"にあたる．

　電子顕微鏡には，物質を透過した像を見る透過型電子顕微鏡（transmitted electron microscope：TEM）と，電子を当てた際に物質から戻ってくる信号を像に変換して観察する走査型電子顕微鏡（scanning electron microscope：SEM）があり，微古生物学では SEM がよく利用される．

3.2.1 透過型電子顕微鏡

　電子線が通過するまで試料を薄くして電子線が通過できるようにするので，試料の電子密度の高いところが暗くなる．微古生物学では，珪藻の胞紋*の微細構造など超高解像度が必要とされる場合や，殻構造を分子レベルで観察したい場合，細胞切片を観察する場合に用いる．切片作成には熟練を要する．詳しくは専門書を参照されたい．

3.2.2 走査型電子顕微鏡

　SEM は焦点深度が深いのが特徴であり，対物レンズの開き角が光学顕微鏡に比べてかなり小さく電子線の平行性が高いため，光学顕微鏡の同倍率と比べても焦点深度が 1～2 桁深い．光学顕微鏡や TEM と異なり，SEM では集束レンズや偏向コイルで電子線を細い電子プローブに絞る．直径数 μm～10 nm に集束された電子プローブで試料表面上を照射しながら，二次元的に走査する．走査で移動するごとに検出される信号量の多少をグレーの濃淡に変換し，それを画面上に同じ順で，並びを復元して可視化する．電子プローブを一次電子として試料に当てると試料の原子と衝突して原子中の電子を励起し，二次電子（secondary electron：SE）や反射電

用語
胞紋　珪藻の殻に見られる，微細な孔のこと．

子（back-scattered electron：BSE）などが放出される．一次電子が固体中の原子と衝突して発生した電子励起のうち，試料表面からエネルギーを失った状態で電子が表面を漂うように離脱するのが SE であり，発生させられるのは固体試料表面の深さ 10 nm 程度と薄い．そのため SE 像は試料の凹凸構造が重視される．BSE は，電子が試料深部まで入り込んだものなので，平均原子番号に依存したコントラスト像をつくる．試料の表面を平滑に研磨して BSE 像で観察すれば試料の凹凸構造をキャンセルできるので，化学組成の違いを定性的に知ることができる．微化石の研究では主に SE 像を可視化する．まれに，鉱物置換などが起きている場合は組成や密度が不均一となって像がまだらに映ることがある．

SEM は観察対象や目的に応じて，電子銃のタイプ，電子銃の線源物質（エミッタという）の種類，真空度の違い，といった組み合わせで違う機種が存在する．いわゆる通常の SEM は，熱電子放射型電子顕微鏡（他の SEM と区別したい場合は汎用 SEM と呼ぶ）で，鏡筒内と試料室を高真空（10^{-3}～10^{-4} Pa）にし，電子銃を 1600～2500℃ にして陰極表面から熱電子を放出させ，一次電子を照射させる．最も普及しているのは，エミッタがタングステン（W）フィラメントになっている機種である．一般的に高輝度ほど高い解像度の SEM 像が得られ，高輝度が得られる六ホウ化ランタン（LaB_6）をエミッタとする機種も普及し始めている．

汎用 SEM より高解像度像が得られる SEM に，電界放射型電子顕微鏡（field emission SEM：FESEM）がある．FESEM は，超高真空～極高真空（10^{-6}～10^{-8} Pa）下で強電界をかけ，尖らせた陰極先端から直接電子を引き出す機構の SEM である．商品化されている FESEM の線源はタングステン（W）からなる．汎用 SEM の分解能と輝度がそれぞれ 4～3 nm（倍率数万倍相当）と 10^9～10^{10} A m^{-2} s^{-1} r^{-1} であるのに対し，FESEM は 1.1～0.9 nm 程度（倍率 20～30 万倍相当）と 10^{13}～10^{14} A m^{-2} s^{-1} r^{-1} なので，ノイズ比がより小さく明るい精細な画像を得られる．FESEM の利点は，汎用 SEM より総じて画質がよいことの他に，低加速電圧であれば無蒸着で試料を観察できることである．

3.2.3　良好画像の撮影

a. SEM の調節

SEM の調節は，主に質の高い電子プローブをつくる作業にあたる．試料に届く電子プローブの均質性が高くて電子量が多く，電子プローブ径が細くて真円で試料表面に照射できるようにする．最近の機種では自動で最適な観察条件になるように設計されているが，自動設定とユーザーの希望とが合致しないこともあるので，ユーザー自身が調節するのがよい．

b. 画質劣化の原因

微化石観察において SEM 像が悪化する主な原因は，不十分な蒸着，コンタミネーション，チャージアップ，不適切な加速電圧による疑似像の発生，極端な観察条件設定などがあげられ，いずれも質の高い SE が発生できない状態になっている．

画質劣化ではないが，倍率誤差という画像のゆがみにも注意する．

(1) 不十分な蒸着　汎用 SEM を使った観察では，Au（金），Pt（白金），あるいは炭素を試料に蒸着させて伝導性を高める．しかし，蒸着物質は試料の影には回り込まない（シャドウ効果）ので，複雑な構造をしている微化石の場合には蒸着が不十分になりがちである．そのため，試料台を傾斜させたり回転させる機能をもった蒸着装置を用いるのが理想である．薄く蒸着（数 nm）したい珪藻や石灰質ナノ化石などでは Pt で，厚く（20～40 nm）蒸着してさしつかえない有孔虫や放散虫は Au で蒸着する．炭素は酸化されやすく管理が手間だが，原子番号が小さいことから，EDS 像を得たい場合に用いる．

(2) コンタミネーション　加速電圧は一定であるにもかかわらず，観察中に画面が徐々に暗くなったり，倍率を下げると黒いシミが見える場合は，コンタミネーションが起きている可能性がある．前者は，試料室の真空度を上げることで試料から気化物質が出て，真空度を下げたり，鏡筒内に吸着したりすることで発生する．後者は，試料に吸着された炭化水素が電子線照射の影響で化学重合を起こし，高分子汚染層を形成して発生する．コンタミネーションの防止は，試料の前処理段階で十分な時間をかけて真空下におき，気化物質をあらかじめ放出させればよい．蒸着する際に，真空蒸着装置の真空度が下がらなかったり，不安定な場合は気化物質が放出されていると考えられる．吸着する炭化水素は，筐体に使っているグリースやO リング，指紋などの付着物からもたらされるので，これらの清掃を行い，素手で試料ホルダを扱わないようにする．

(3) チャージアップ　SEM で観察していると画面がチカチカしたり線が入ったように見えることがあり，これを帯電飽和状態またはチャージアップという（図3.9）．試料から電子がうまく除電されていないことで起こるもので，多孔質の微化石や保存が悪く表面がガサガサになっていると十分蒸着ができずに起こりやすい．対処方法には，観察を素早く行って電子線の照射時間を短くする，再蒸着，導電性物質をつけてアースにする，加速電圧を下げて観察する，などがある．

(4) 疑似像　疑似像には 2 種類ある．1 つ目は，画像コントラストを上げようとして加速電圧を上げすぎると，傾斜角効果とエッジ効果が強くかかりすぎて縁取りが発生したり，必要以上の凹凸構造が強調される．FESEM は低い加速電圧で観察できるのでさほど深刻ではないが，汎用 SEM では注意が必要である．画像コントラストの調整は加速電圧ではなく，SEM の操作盤にあるブライトネスとコントラスト調整機能を使って，二次電子検出器の信号増幅状態を変える方法で行うようにする．2 つ目の疑似像は，珪藻のように殻厚が薄い標本で"裏写り"することがある例があげられる．これは，加速電圧が高すぎて一次電子が殻を通り抜けて起きる現象で，必要な解像度を維持できる範囲で加速電圧を低めに設定する．

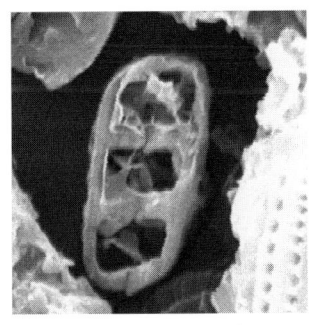

図 3.9　帯電飽和状態（チャージアップ）時の画像

3.2.4　3D写真の撮影方法

　SEM写真から三次元情報を正確に把握するには3D写真の撮影をするとよい．3D画像作画を自動で行う機能をもつ撮影装置も商品化され，珪藻のように平滑な微化石ではよい3D画像が得られるようになった．SEM写真に利用できる3D観察の方法には，ステレオペアという視差が生じる2枚1組の画像を撮影して，それをステレオペア画像（stereo-pair image）として両眼立体視する方法（図3.10），1枚に合成したアナグリフ画像（anaglyph image）を見る余色法，撮影角度の異なる2枚以上の写真をレンチキュラ画像（lenticular image）として1枚に合成した画像を見るレンチキュラ法がある．ここでは両眼立体視を紹介する．

　(1) 立体視の原理　ヒトが立体感を得られるのは，右目と左目で1つの立体の見え方が微妙に異なる視差があるからである．したがって，SEM写真に視差ができるように，1つの個体に適当な角度をつけて撮影してステレオペアとする．撮影角度を決める目安として，日本電子顕微鏡学会関東支部（2000）は，約250 mm離れた位置から見る場合に，視差 p を5 mm以内にするのが望ましいと紹介している．これを参考に試料傾斜角 θ を決めるのが一案で，次の式で求める．

$$\theta = \arcsin\left(\frac{p}{M \cdot h_s}\right)$$

ここで，M は写真倍率，h_s は試料の凹凸の実際の最大の高さである．M と h_s を選んで視差 p = 5 mmとして，θ を求めればよい．

　(2) 撮影方法　試料傾斜角は上記の式で求められるが，微化石の何を立体的に見たいのかによって代入する h_s は異なる．経験的には，微化石写真での θ は3～10°の間をとり，有孔虫や放散虫の全体像用にはやや小さめの角度を，石灰質ナンノ化石のココスフェアのように微細なものを3D撮影するには大きめの角度をとる．試料台を傾斜させられるSEMを利用するが，一軸回転しかできない試料台がほとんどなので，写真にしたときの試料の上下方向と試料台の回転軸を平行に合わせてからステレオペアの撮影をする．

　(3) 両眼立体視　ステレオペアを2枚真横に並べて立体視する．左目用画像を左に置くような配置をしたステレオペアを見る場合は，裸眼平行法または立体鏡で正しく立体視できる．逆に左目用画像を右側に配置する場合は裸眼交差法による立体視となる．写真配置に合わない立体視を行うと凹凸が正反対になってしまうので，見え方が自明ではないような画像を論文に掲載する場合，平行法観察

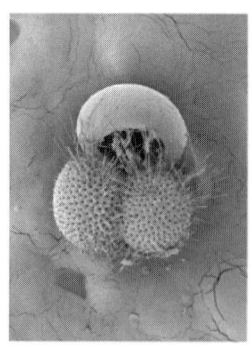

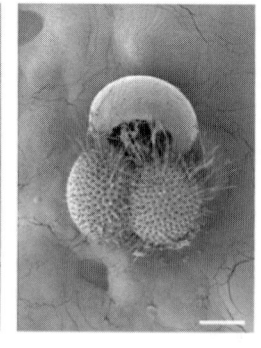

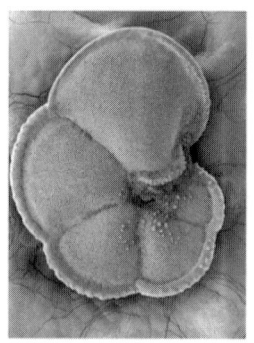

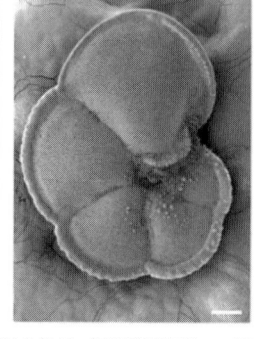

図 3.10　浮遊性有孔虫の両眼立体視（平行法観察）の例．図の右下のスケールはそれぞれ100 μm．上図では6°，下図では8°の傾斜角で撮影されている（傾斜角の計算方法は本文を参照）．

（parallel view）用なのか交差法観察（cross view）用なのか明記する．両眼立体視用ステレオペア画像は，航空写真や衛星写真で高さ測定に使われるほどリアルな立体感がでる．その一方で，観察者の正面に真横に並べなければならない，立体視可能な写真と目との距離の許容幅は狭い，同じ観察点をある一定範囲内の距離に収めるために画像サイズに限界がある，などの制約がある． ［鈴木紀毅］

4 微化石の観察

本書は，主に試料の採取から試料処理，観察までを主眼においているため，各微化石の分類法については概要のみにとどめる．分類に関しては，それぞれの専門書を参照されたい．

4.1 有孔虫

4.1.1 有孔虫の形態と分類

用語

室（殻室・チェンバー）　有孔虫の殻にある部屋状の構造のこと．

解説

有孔虫のくらし　有孔虫は広く海洋に分布し，2種類の生活形態をとる．1つは海洋中に浮遊して（いわゆるプランクトンとして）生活するもので，浮遊性有孔虫と呼ばれる．もう1つは海底で生活するもので，底生有孔虫と呼ばれる．現生種のほとんどは底生有孔虫である．

有孔虫の形態は変化に富む．有孔虫の分類では，その殻の形態的特徴の1つを基準とすることは少なく，通常はいくつかの特徴を組み合わせて鑑定する．例えば属レベルの同定では，室*の形質と配列様式，生活様式が重視される（高柳，1969）．有孔虫（浮遊性有孔虫・底生有孔虫）*の種の同定で参考となる主な文献は，柴・根本（2000）に紹介されている．更新世〜現世の浮遊性有孔虫については，Bé（1977）や斎藤（1997）に種の検索に関してまとめられており参考になる．

記載論文では形態の特徴が簡略化されて表現されているので，その表現から具体的な形態をイメージできるようにしておく必要がある．形態を表現する用語は高柳（1969）が詳しいが，ここでは浮遊性有孔虫の形態を表現する代表的なものを紹介する．

a. 有孔虫殻の観察方向とその名称

一般的に浮遊性有孔虫の種の同定は，臍側面，端側面およびらせん側面の3方向からの観察に基づいて行われる（図4.1）．なおらせん側面では，室の付加される方向を「巻き方向」としてとらえることができる．室の巻き方向は，らせん側面から

臍側面（umbilical side）　　　　　　　　　らせん側面（spiral side）
腹側面（ventral side）　端側面（peripheral side）　背側面（dorsal side）

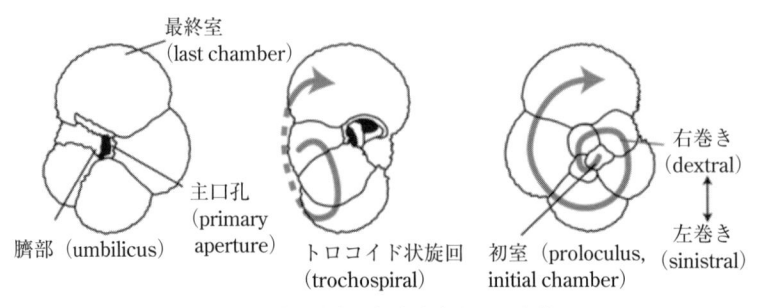

最終室（last chamber）
主口孔（primary aperture）
臍部（umbilicus）
トロコイド状旋回（trochospiral）
初室（proloculus, initial chamber）
右巻き（dextral）
左巻き（sinistral）

図4.1　有孔虫殻の観察方向とその名称

見た場合の室の成長方向で表し，例えば種名の後に続けて「(右巻き)」や，英語で右巻きを意味する「(dextral)」，それを略した「(D)」などと表記されることが多い．同様に左巻きは「(左巻き)」や「(sinistral)」，「(S)」と表記される．室の巻き方向が種の直接的な同定基準となるわけではないが，左巻き個体の卓越で特徴づけられる *Nogloboquadrina pachyderma*（尾田・堂満，2009）や，室の巻き方向の層位変化が地層の層位の指標となる *Pulleniatina* 属（Saito, 1976）などの例もあるため，種の同定の際には巻き方向にも注意を払う必要がある．

b. 室の配列様式

室の配列様式には，個体の成長の全段階を通じて同一の様式をとるものと，段階的に様式を変化させるものがある（図 4.2）．浮遊性有孔虫の場合，前者においては，成長発達の軸が一定面上で旋回するもの（平面旋回），旋回面がらせん状に変化するもの（トロコイド状旋回）があり，後者においては，成長途上でトロコイド状配列の旋回がねじれてくるもの（ねじれ旋回）がある（高柳，1969）．トロコイド状旋回のらせん巻きの高さは種同定の際の重要な形質となるので，スライド上で標本を確認する際には，端側面方向からの観察に注意を払う．なお，平面旋回の特徴をもつ種の中には，室形成の過程で一貫して平面旋回の特徴をもつ種（*Hastigerina* 属）が知られる一方で，室形成の初期の段階ではトロコイド状旋回をし，室の付加に伴って平面旋回が顕著となる種（*Globigerinella* 属）もあるため，成長段階での室の配列様式にも留意する．

c. 口孔の形状

口孔は有孔虫の殻の内外を結ぶ細胞質の連絡口であり，属や種などの固有の特徴として区別され，分類上の重要な形質と考えられている．また，主口孔（primary aperture）に加え，補口孔（supplementary aperture）などの副次的な口孔をもつものもあり，口孔の確認には，臍側面だけでなくらせん側面の観察も重要である．また口孔には歯板（tooth plate）と呼ばれる構造が認められる場合もある．口孔の縁部が厚みをもって隆起している口孔唇（apertural lip）もまた，その厚みや口孔の縁部での連続性などが種を同定する際の重要な形質となる．らせん巻きの軸方向に対する口孔の向き（臍側面を向いているのか，端側面を向いているのか）にも注意する．例えば，図 4.1 の種は口孔が端側面方向に開いている．歯板や口孔唇は，標本の個体サイズとは関わりなく種固有の形質として認められることも多いので，小

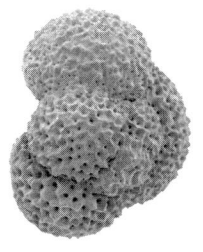

平面旋回　　　トロコイド状旋回　　　ねじれ旋回

図 4.2 室の配列様式

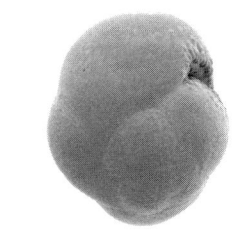

型の標本についても慎重に確認する．

4.1.2 観　　察

　有孔虫や貝形虫，コノドントの観察には双眼実体顕微鏡を利用し，種の同定の場合は総合倍率で100〜160倍が適当とされる（尾田，1978）．浮遊性有孔虫に関して限定すれば，双眼実体顕微鏡で40〜80倍程度の倍率が用いられる．口孔の形質や副口孔の有無など種の同定に重要な形質は80倍程度で観察可能だが，殻の表面構造の詳細を確認する場合は，さらに高倍率での観察，もしくは走査型電子顕微鏡での観察が必要となる．なお，浮遊性有孔虫の中には1 mmを超えるサイズの個体も存在し，かつ球状の室を有する種が多いことから，100倍を超える比較的高倍率に特化した実体顕微鏡よりも，低倍〜80倍程度の観察に最適な対物・接眼レンズを組み合わせた顕微鏡が利用しやすく作業効率も高い．

　鏡下では，水で湿らせた面相筆を用いて標本を臍側面や旋回面方向に動かしながら，種の同定を行う．微細な表面構造の観察には，緑色の液状食紅などで着色して微細構造のコントラストをつけ浮き上がらせるという方法も効果的である（尾田，1978）．同一種と認定できた標本は，スライド面にあらかじめ印刷されている格子の同じ枠内に並べるとよい．同一試料中に含まれる個々の標本をスライド上に整然と並べておくことで，計数が容易となるだけでなく個々の標本を比較しやすくなることから，種の同定の正否を検討するときに気付きやすいなどの利点がある．

[山崎　誠・堂満華子]

4.2　石灰質ナンノ化石

4.2.1　石灰質ナンノ化石の基本的な用語と分類

　海洋には，沈殿や濾過ではじめて採取できる微小な石灰質殻をもつプランクトンが棲息しており，それらは石灰質ナンノプランクトンと呼ばれる．石灰質ナンノプランクトンの大部分はコッコリトフォリード（円石藻）と呼ばれる微小な鞭毛藻類で，細胞表面にコッコリスと呼ばれる円盤状の石灰質殻を鱗のように付着させている．コッコリトフォリードの死後，コッコリスのみが化石として保存されるが，このコッコリスに分類不明の*Discoaster*などを含めた化石の総称を石灰質ナンノ化石と呼ぶ．最初に，基本的な石灰質ナンノ化石の構造を簡単に紹介する．

　コッコリトフォリードは，コッコリスと呼ばれる石灰質の小盤を互いにインターロックするような形で細胞を囲む（図4.3）．コッコリスは様々な形態をもち，最も一般的なのが外側盤と内側盤の2枚の板よりなるplacolithと呼ばれるものであるが，その他，皿状のcaneolith，螺旋状の盤よりなるhelicolith，星形のasterolith，馬蹄形のceratolithなど様々な形態がある（図4.4）．

　石灰質ナンノ化石の鑑定には偏光顕微鏡を用いるのが一般的であるが（後述），その理由はコッコリスが小さな方解石の結晶を並べて形作られていることにある．

方解石は副屈折率が大きいことから，偏光顕微鏡でコッコリスの消光パターンを抽出して方解石結晶の配列様式を識別し，その特徴から種の鑑定を行うことができる．また，細部の詳細な構造を観察するためには，光学顕微鏡では分解能の限界を超えており，電子顕微鏡での観察が不可欠である．

4.2.2 偏光顕微鏡での観察

コッコリスは方解石の結晶片が規則的に配列している．したがって偏光顕微鏡の観察では，これら結晶片の配列様式の違いによる個々のコッコリスの光り方の違いに注目する．placolith の場合，方解石の配列様式を示唆する消光パターンが明瞭に観察される．しかしながら，同じ placolith

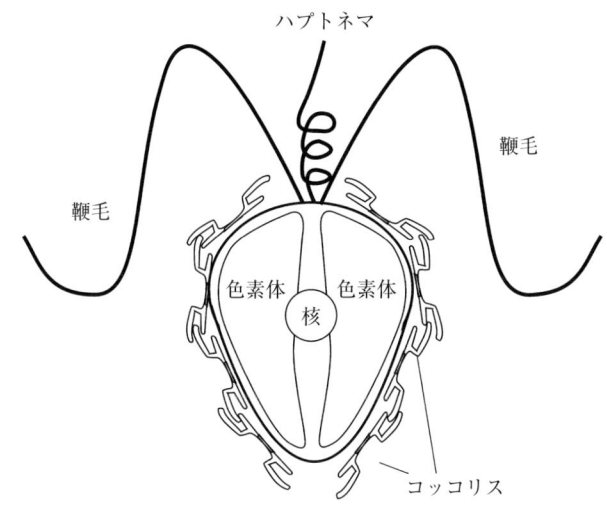

図 4.3 コッコリトフォリードと各部の名称

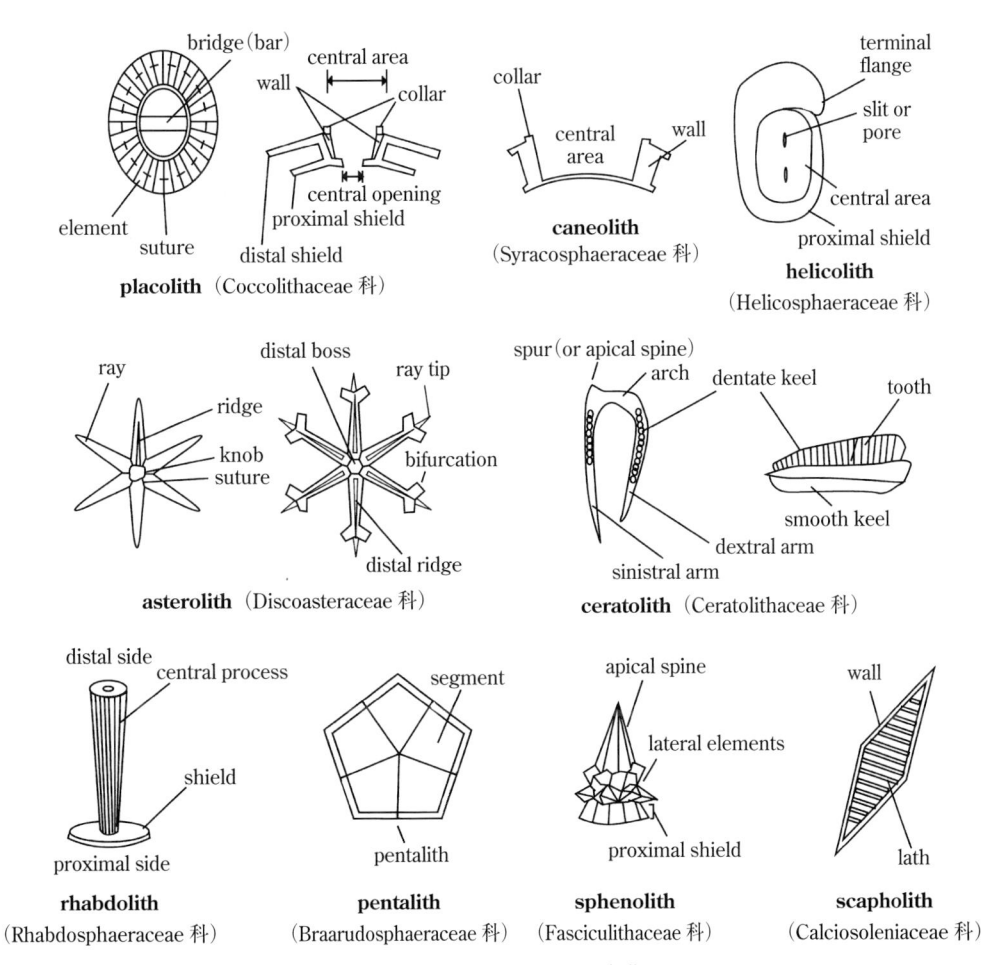

図 4.4 コッコリスの形状と名称

でも盤の光り方に注目すると，*Reticulofenestra* 属は比較的強く光るのに対し，*Coccolithus* 属は極めて弱く，また外側盤の方解石片の配列様式も容易に観察できる．このように観察では，消光パターンと盤の光り方の強さに注目する（図 4.5）．保存状態がよい場合は，偏光装置を外し通常光で観察すると，その形態が明瞭に観察できる場合がある．対物 100 倍のレンズは焦点深度が浅く，焦点の合う範囲が限られるため，コンデンサーレンズを絞り，焦点深度を深くすることによって，全体像を把握できる．しかし，絞りは分解能の低下やコントラストの強調などを起こすため，適宜調整が必要である．

　asterolith の *Discoaster* 属は，偏光顕微鏡下ではほとんど光らないか，極めて弱い光り方を呈する．*Discoaster* 属は古第三紀〜新第三紀の重要な指標種を数多く含むため，偏光下での見落としを防ぐためにも適宜通常光で観察することを勧める．同様に馬蹄形の ceratolith でも光学的特徴が重要で，通常光での見かけ上の形態が同じでも，*Amaurolithus* 属はほとんど光らないのに対し，*Ceratolithus* 属は強く光り，消光パターンを呈する特徴をもつ．このように，鑑定には光学的特徴からの観察は欠かせない．

4.2.3　群集観察での注意

　石灰質ナンノ化石の観察方法とデータのまとめ方にはいくつかの方法がある．一般に，石灰質ナンノ化石は地質年代の決定に大きな威力を発揮することから，年代

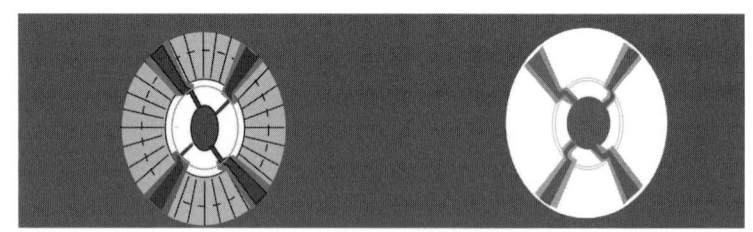

Coccolithus：shield の光り方が弱い．ただし，central area は顕著な消光パターンを示す場合がある．　　*Reticulofenestra*：shield，central area ともに光り方が強く，顕著な消光パターンを示す．

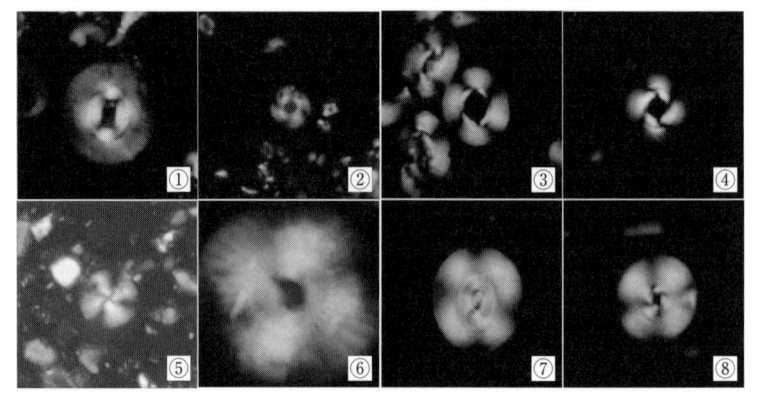

図 4.5　偏光顕微鏡下でのコッコリスの形態と光り方の例

光り方の例は，① *Coccolithus* 属，② *Umbilicosphaera* 属，③・④・⑦ *Reticulofenestra* 属，⑤・⑥ *Calcidiscus* 属，⑧ *Cyclicargolithus* 属．

決定のみを目的とするのであれば産出種をチェックし，指標種の産出状況から年代を決定する．IODPなど，船上での調査の多くは時間の制約があることから，この手法を用いる場合が多い．それに対し，各種の相対頻度を求める場合は，無作為に200個体を同定し各種の相対頻度を計算する．観察では200個体中に指標種が含まれない場合も多いため，これとは別に200個体では認められなかった種の有無について，スライドを広く観察して記載する．また，一般には下部透光帯*種 *Florisphaera profunda* はこれらとは別にカウントし，海洋表層の栄養塩状態および表層の成層状態復元に利用する（佐藤・千代延, 2009）．

> **用語**
> **透光帯** 海洋において，光合成に必要な量の光が届く鉛直方向の範囲のこと．

このような相対頻度は，暖流系種や寒流系種の産出頻度比較などに利用されるが，当時の生息数などの実数を示しているわけではない．したがって，これとは別に定量的観察も必要である．定量法はいくつかあるが，ここでは簡便な方法として次の方法を紹介する．処理方法は2.2.1項で示した処理を行い，プレパラートを作製する．作製したプレパラートは，マイクロメーターを備えた偏光顕微鏡で観察する．接眼マイクロメーターの1目盛りが何 μm あるかを，対物マイクロメーターと比較することによって求める．次にプレパラートをセットし，ステージを動かしながらスライドの特定の幅（例えば接眼マイクロメーターの $10\ \mu m$ の幅）を保ったまま，カバーグラス片道（$18\ mm \times 18\ mm$ のカバーグラスであれば $18\ mm$）を通過させ，その間に産出した個体数を計測する．この面積からカバーグラス全域に含まれる石灰質ナンノ化石個体数が計算され，定量法の処理手法に基づいて，試料1gに含まれる石灰質ナンノ化石個体数が求められる．一般に深海底試料などでは，多い場合に1gあたり数十億〜数百億の石灰質ナンノ化石個体が含まれる．

定量法から石灰質ナンノプランクトンの生産量を求めるには，年代ごとの堆積速度と各試料の密度から，単位時間における単位面積あたりの沈積量を求めればよい．ただし，この場合は石灰質ナンノ化石の沈積量が求められるのであって，生物としてのコッコリトフォリードの生産量を示しているわけではない．コッコリトフォリードの海洋表層での生産量変化を求めるには，コッコリスを体表に何個体付着しているかを求め，生物としてのコッコリトフォリードの時代ごとの生産量変化を求めなければならない．

［佐藤時幸・千代延俊］

4.3 貝 形 虫

4.3.1 殻 形 態

殻の外形は，背（dorsal），腹（ventral），左（left lateral），右（right lateral），前（anterior），後（posterior）側の6方向により視認される．各種の分類を行う際には，全体的な外形，すなわち，卵形（ovate），四角形（quadrangular），長方形（rectangular），三角形（triangular），細長（elongate），アーモンド型（almond-shaped），長円形（elliptic），長斜方形（rhomboid）の形などを識別する．これらはおおよそ属や亜科レベルで共通する場合が多い．

また，前・後・背・腹縁の4つの殻の外縁の形を細かく識別する．前縁に関しては，均等に円弧状になっている形態，下方に膨れた形態などがある．後縁に関しては円弧状，管状，先が尖っている形態などがある．背縁に関しては，特に古生代の貝形虫（Podocopa 亜綱の Palaeocopida 目）の場合は直線上になっている種が一般的であり，現生種としての唯一の古生代型である Palaeocopida 目の Puncioidea 上科に属する貝形虫（*Promanawa konishii* など）で見られるが，中生代以降の種では後述する蝶番の形態に応じてアーチ型になっている種も多い．腹縁に関しては，直線状，うねり状，下方に膨れた形態などがある．

殻の表面には様々な装飾や構造物をもつ種が多い（図 4.6）が，中には表面が滑らかで，微小孔（垂直孔管，垂直毛細管，normal pore canal）しか見られない種もある．微小孔は感覚毛が通る孔で，走査型電子顕微鏡で観察すると，単純な円形（simple-type）と篩状（sieve-type）などが認められる．成体と幼体で表面装飾が異なり，幼体では装飾がなくても，成体で顕著に見られたりする場合があったり，環境要因によって同種内でも異なる場合がある．さらに一部の種では左右で表面装飾が異なるものがあるため，種分類の際には注意を要する．

主な表面装飾（surface ornamentation）には，網状装飾（reticulation），斑紋（punctum，複 puncta），小坑（foveola，複 foveolae），瘤（tubercle），結節（node），溝（furrow, stria），梁（ridge），竜骨状突起（carinae），枠（rim），棘状突起（spine），歯状突起（denticle, denticulation），棍棒状突起（clavate spine）などがある．大規模な起伏を伴う構造としては，後部に外側へ向かった管状を呈す尾道管（caudal process），中央部に縦方向のへこみである縦溝（sulci），腹部に外側へ向けた翅のような形状を呈す翼翅（alae）などがある．

4.3.2 殻の内側構造

生体では体表を覆うクチクラ*が背側でも連続的であり，この部分が靭帯（ligament）となる．ここには蝶番（hinge）が発達し，これにより2枚の殻の開閉が可能となっている（図 4.7）．靭帯は化石として残らないが，蝶番は保存される．中〜新生代の貝形虫で化石として最も一般的な Podocopa 亜綱 Podocopida 目の Cytheroidea 上科貝形虫は強度増化に関連し，色々な型の複雑な蝶番構造をもち，その構造が科や属の分類の重要な基準となっている．図 4.7 に蝶番の主な型を示したが，蝶番の最も単純な形態は単歯型（adont 型）で，滑らかな棒状突起（bar）とそれに対応する溝（groove）があるだけである．また，Krithidae 科にみられる pseudadont 型は棒状突起あるいは対応する溝の後部が細歯状あるいは鋸歯状（crenulate, denticulate）となっている型である．その他は基本的に前部（anterior），中央部（median）および後部（posterior）に分けられ，前部と後部では，一方の殻の歯（tooth）がもう一方の殻の歯槽（socket）に対応するようになっている．中央部は中央棒状突起（median bar）が中央溝（median groove）に対応するようになっているが，歯（歯槽）が付属するものなど様々な型に分けられる．

> **用語**
> **クチクラ** 生物の体表の細胞から分泌される，硬質の層のこと．

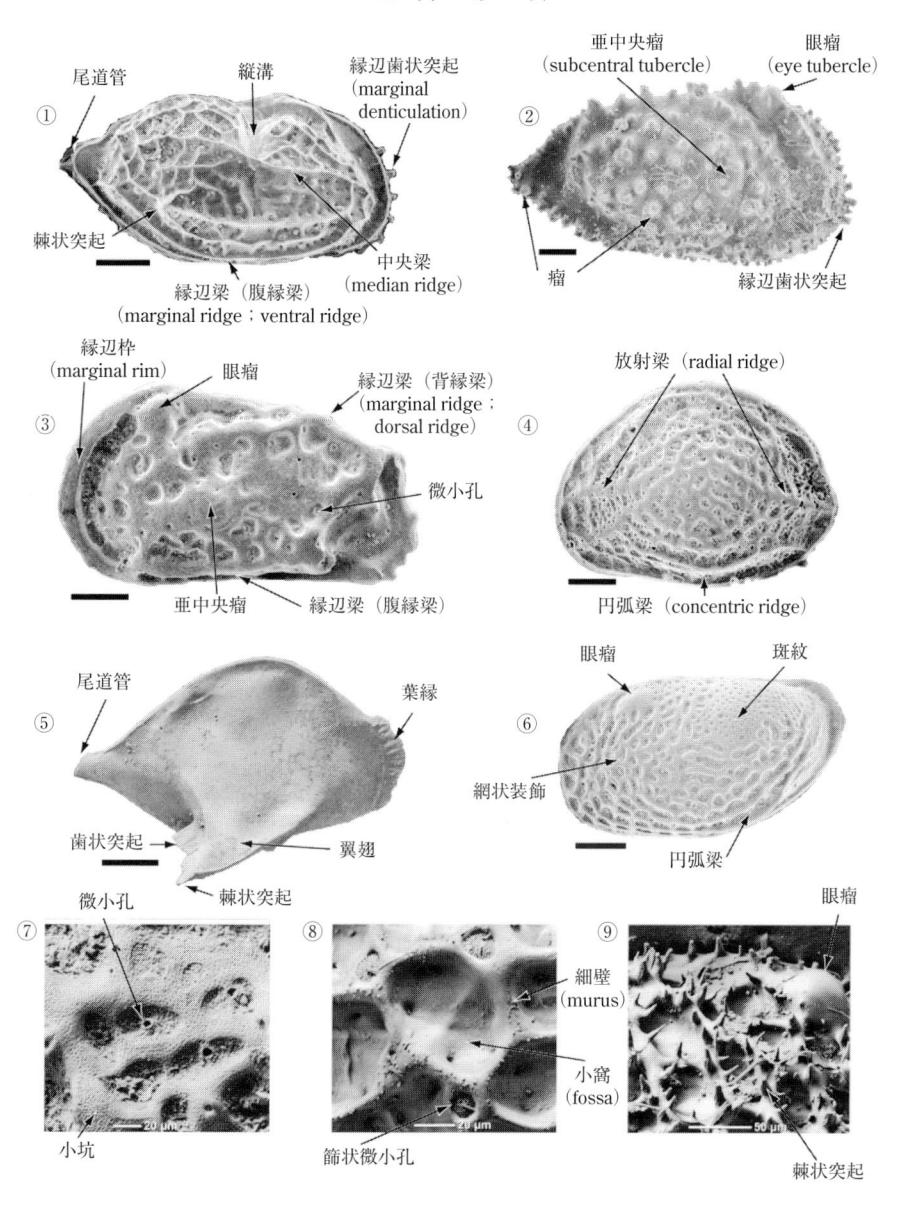

図 4.6 貝形虫殻の表面装飾

① *Neomonoceratina delicata*（雌，右殻），② *Trachyleberis scabrocuneata*（雌，右殻），③ *Cornucoquimba tosaensis*（雌，左殻），④ *Aurila munechikai*（雌，左殻），⑤ *Cytheropteron donghaiense*（雌，右殻），⑥ *Loxoconcha epeterseni*（雄，左殻），⑦ *Cornucoquimba tosaensis*（雌，右殻），⑧ *Loxoconcha tosaensis*（雌，右殻），⑨ *Pistocythereis bradyi*（雌，右殻）．①〜⑥のスケールは 0.1 mm．

　　殻の内側には付属肢などが付着していたときの楕円形状の痕跡（scar）が残されている（図4.8）．これらは落射式照明装置による双眼実体顕微鏡観察で見える場合もあるが，水やグリセリンに浸し，透過光の顕微鏡で観察すると明瞭に見られる．なお，殻をグリセリンに浸した場合は長く観察できるが，使用後にエタノールで洗浄する必要がある．もちろん走査型電子顕微鏡でも顕著に認められる．筋痕は殻を閉じるときや付属肢の運動に必要な筋肉の結合部の痕跡で，背縁筋痕（dorsal

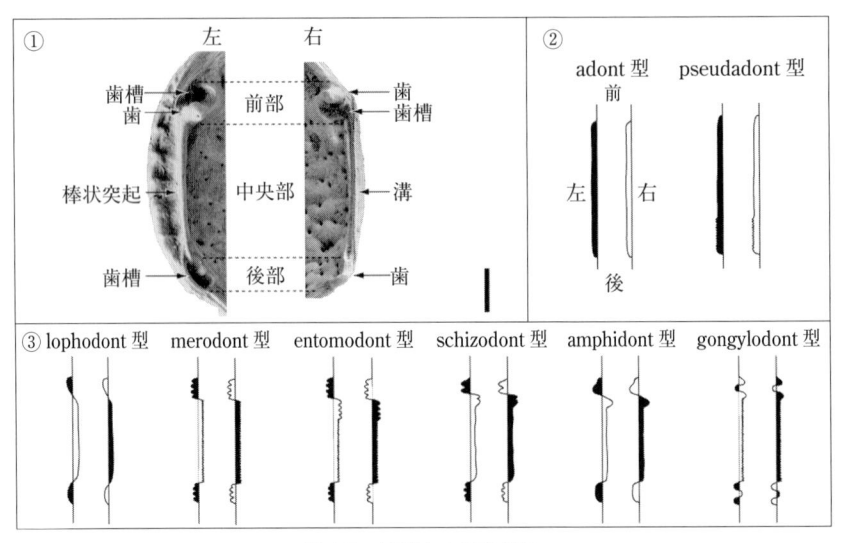

図 4.7 貝形虫の蝶番構造
①蝶番の各部の名称（*Aurila spirifera* の雌殻），②棒状突起とそれをおさめる溝からなる単純な型，③前部，中央部，後部からなる複雑な型．①のスケールは 0.1 mm．

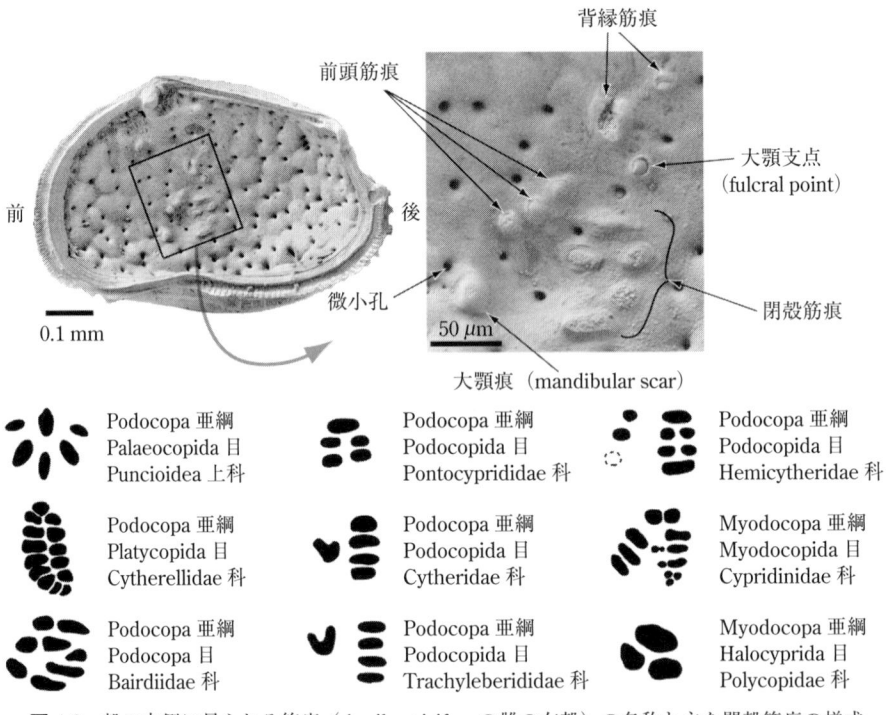

図 4.8 殻の内側に見られる筋痕（*Aurila spirifera* の雌の右殻）の名称と主な閉殻筋痕の様式
浅野（1976）および Holmes and Chivas（2002）を参考に作成．

muscle scars），閉殻筋痕（adductor muscle scars）や前頭筋痕（frontal muscle scars）がある．特に閉殻筋痕の配列様式は科や上科などの高次分類の重要な形質の1つである（図4.8）．

いくつかの分類群の成体では殻の自由縁の縁辺部が折り返したように二重になり重複部（duplicature）を形成する．殻の内側部分は内殻（inner lamella）または内側折り返し（marginal infold）と呼ばれ，成体では広く殻の内側を縁取る形で発達するのに対し，幼体では未発達で幅が極めて狭いため，成体と幼体を識別するよい形質の1つである．Krithidae科やCytheruridae科では成体の内殻が幅広いことが特徴になっている．

縁辺部の内殻と外殻の間には微小孔と同様な機能をもつ縁辺毛細管（縁辺孔管，marginal pore canal, radial pore canal）が認められ，感覚毛がのびている．形状には単純な直線状や枝状に分岐したものなどがある．成長段階で数やパターンも異なり，属や種レベルの重要な形質である．

[入月俊明・神谷隆宏]

4.4 放散虫

4.4.1 観察

放散虫は複雑な骨格構造をもつので，分類形質を着実にとらえるには顕微鏡の使い方が重要となる．顕微鏡の選択や観察条件の設定のほか，焦点を変えながら撮影したりして，外部形態と内部構造を観察するように心がける．新生代の放散虫では内部構造と表面構造の双方に重要な分類形質があるため，主に透過型光学顕微鏡で観察する．一方，中生代・古生代の放散虫の分類形質は表面構造が重視されているため，走査型電子顕微鏡（SEM）を主に使う．観察の要点は，分類形質を確認しながら検鏡することである．保存の善し悪しを根拠に同定に疑義を唱える人もしばしばいるが，どんな保存状態であろうと分類形質が明らかであれば，分類の質には関係がない．

透過型光学顕微鏡で観察する場合，放散虫の殻は40～400 μm径のサイズと大きいことから，対物レンズごとに指定された開口数（N.A.）よりも，対物レンズ絞りは絞り気味で観察する．また，放散虫は殻の厚みや形態に多様性があるので，検鏡中の放散虫個体の見え方に応じて分類形質をとらえるために，個体ごとに焦点位置，対物レンズ絞り，光量を変えて観察する．個体数カウントや同定は20倍の対物レンズ（長作動タイプが望ましい）でもっぱら行う．分類形質が微小な種や殻構造が複雑な場合は，40倍の長作動タイプの対物レンズで観察する．4倍や10倍の対物レンズは群集全体や視野に入りきらない個体を観察するのに使うが，小さい個体を見落としがちなのでルーティンで使うことは少ない．

双眼実体顕微鏡は，主にSEM用標本を拾い出すのに使う．放散虫の分類形質は微小なため，双眼実体顕微鏡下で同定できる種は限られるし，また保存がよい場合に放散虫殻は透明で見落とすこともある．さらに，双眼実体顕微鏡の対物レンズの

開口数は 0.1 〜 0.3 程度で分解能が低い上，放散虫がガラス質なことから乱反射も著しく，高倍率にしても同定は難しいことが多い．

倒立顕微鏡（培養顕微鏡，inverted microscope）は，抽出処理を行った残渣が水に入った状態で放散虫を観察したいときに便利である．倒立顕微鏡を用いて検鏡するには，光を通過させる必要があるので，残渣を透明なシャーレなど底が平らな容器に移して検鏡する．悪い光学条件での検鏡となることから，倒立顕微鏡は撮影には不向きであるが，カバーグラスと同じガラス板を底面に張ったガラスボトムディッシュ（glass bottom dish）を使えば比較的きれいに撮影できる．ただし，底面を割って顕微鏡の光学系を水に浸すことのないようにしなければならない．

蛍光顕微鏡による観察は，強エネルギーによる試料損傷が起きる．波長が短いほどエネルギーは大きいことから，可視光観察と撮影を終えた後，G 励起，B 励起，V 励起のように波長の長い励起光の順に観察，撮影を行う．

SEM による観察は，実体顕微鏡下で拾った個体を SEM 専用の試料台に載せたものを見る．分類形質が確認できる個体を選別し，検討対象とする．同定が簡単な個体は SEM で撮影せずに記録してもかまわない．しかし，初心者が行う場合，少しでも疑義がある個体の場合は撮影するのが無難である．ジュラ紀や白亜紀の放散虫で分類基準が微妙な違いで定義されているタクサは，文献と丹念に照合する必要があるので，できるだけ撮影することが望ましい．撮影する個体を選別する場合，ルーティンとして，試料ごとに同一種の別個体を 3 〜 5 体ほど撮影し，後に同定の正否を検証する証拠とする．

4.4.2 分類（高次レベルと種レベル）の原則

放散虫はカンブリア紀からいる原生生物で，1 万 1000 種以上が記載されているため，観察する骨格構造も多岐にわたる．観察ポイントは目レベルの高次分類群で大きく異なる（図 4.9）．

［ナセラリア目（Nassellaria）］　骨格の節（segment）が一方向に並ぶもの．外形は塔状が多く，節の数が多いものを多節ナセラリア（multi-segmented Nassellaria）と呼ぶ．ジュラ紀・白亜紀には球状の外形をもつ，閉塞球状ナセラリアがいた．前期三畳紀以降．

［スプメラリア目（Spumellaria）］　骨格構造は同心円状，ないしそれに類する巻いた構造からなる．外形は球状，平盤状，楕円体など様々である．殻の中心には小内球（microsphere）がある．前期石炭紀（カンブリア紀？）以降だが，主に中生代〜新生代．

［エンタクチナリア目（Entactinaria）］　スプメラリア目に似ているが，median bar と initial spicule から構成される内部骨針構造（internal spicular system）という特殊な針構造が殻の中にある．内部構造がわからない場合は球状スプメラリアと区別が困難．主に古生代，中期オルドビス紀〜後期三畳紀（現世まで？）．

［コロダリア目（Collodaria）］　スプメラリア目に似ているが，原則として 1 球殻

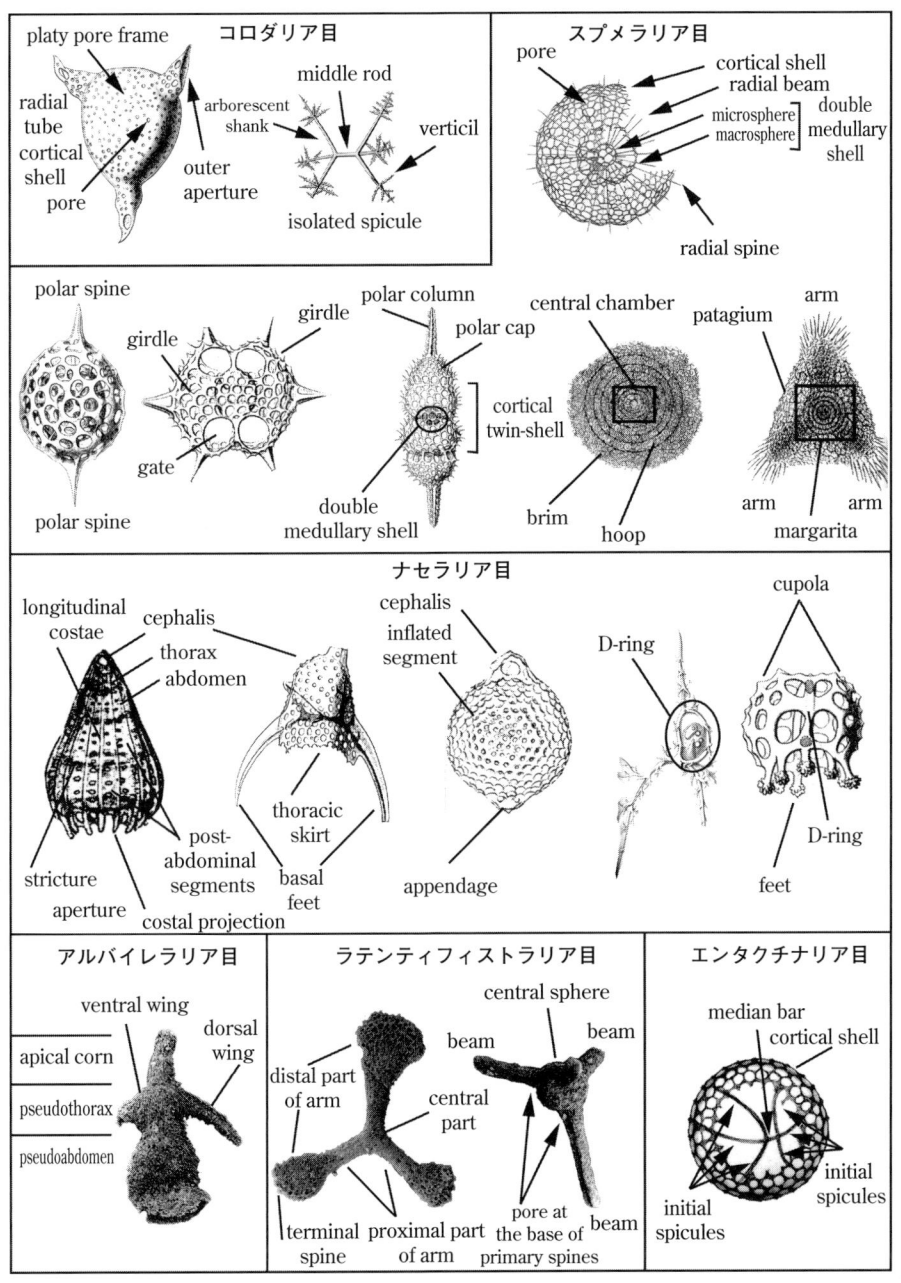

図 4.9 代表的な放散虫とその特徴

からなり，屈折率が高めの殻からなるか，遊離棘を身にまとう（化石ではバラバラとなっている）．始新世後期以降．

[アルバイレラリア目（Albailellaria）]　三叉する骨針が，平面上で三角形〜長い二等辺三角形をつくる基本構造をもつ．石炭紀・ペルム紀のアルバイレラリア目はナセラリア目のように塔状だが，殻の表面にほとんど開いていない．中期オルドビス紀〜前期三畳紀（中期三畳紀まで？）．

[ラテンティフィストラリア目（Latentifistularia）]　主に3本の腕をもち，中央

に中空の球殻がある．前期石炭紀〜ペルム紀の3本腕の放散虫はほとんどがこの目．前期石炭紀〜前期三畳紀（ほとんどは古生代）．

[アーケオスピキュラリア目（Archaeospicualria）]　撒き菱のような遊離棘が集まって球状をつくる．後期型は遊離棘が融合して球殻をつくるため，スプメラリア目やエンタクチナリア目と区別が難しくなる．カンブリア紀中期〜後期デボン紀．

　目までが決まれば，種を特定する方法で同定を行う．通常の分類では科，属と高次体系から候補となる種を絞り込むが，放散虫では属レベル以上の分類体系が再構築されている最中のため，このような方法をとる．1万1000種以上も記載されているので，対象としている地質年代を絞ってから同定作業を行う．

　放散虫の種の同定は4段階で行う．第1段階は，手持ちの標本群から種内変異（形態の連続性が続く範囲）を把握する．第2段階は，holotypeなどのタイプ標本がその種内変異の中に含まれるか否かで学名を判定する．特に，タイプ標本が自分の手持ちの標本の種内変異から外れている場合，その学名をあてることは慎むべきである．「似ている」と「種内変異の中に含まれる」は似て非なることである．第3段階は，記載文との照合である．分類は「はじめに標本ありき」であって「はじめに言葉ありき」ではないし，記載が適切にそのタクサの特徴をとらえているとは限らない．記載が自分の標本の特徴と合致しても，記載のもととなっている標本の特徴と違う場合は，そのタクサ名を採用するのは控えるべきである．最後の第4段階は，既報でその種としている図版も自分の標本の種内変異に含まれるかどうかを確かめることである．この段階で誤同定に気がつくことができる．放散虫は形態収斂が著しいことから，たまたま手にした文献の図と比較して種名を決めてしまうと，間違いを犯す．また，タイプ標本以外を基準とした照合は誤同定の要因の1つである．選択する学名は，国際動物命名規約に従っているものを選ばなければならないが，間違った記述も論文に多いのできちんと調べる必要がある．　　[鈴木紀毅]

4.5　珪　藻

4.5.1　殻　構　造

　珪藻殻の分類・観察において認定すべき形態要素の順番としては，最初に外形，次に構造，そして最後に表面装飾となる（図4.10）．珪藻の大分類として，円形を基本として点対称の殻をもつ中心型，そして線形を基本として線対称の殻をもつ羽状型の2つのグループが認定されてきた（図4.11）が，殻表面や殻内部に見られる特殊な構造の有無および殻表面の模様の密度などは，それぞれ属および種の認定基準として利用されることが多い．

a.　珪藻殻の構成要素，組み合わせ，殻面観と帯面観

　珪藻殻の大きな特徴の1つは，基本的に分離不可分な単一の殻でできている有孔虫や放散虫などと異なって，比較的簡単に分離する複数の部品から構成されていることである．珪藻の被殻（frustule）は，入れ子状態の上下2つの半被殻（theca）

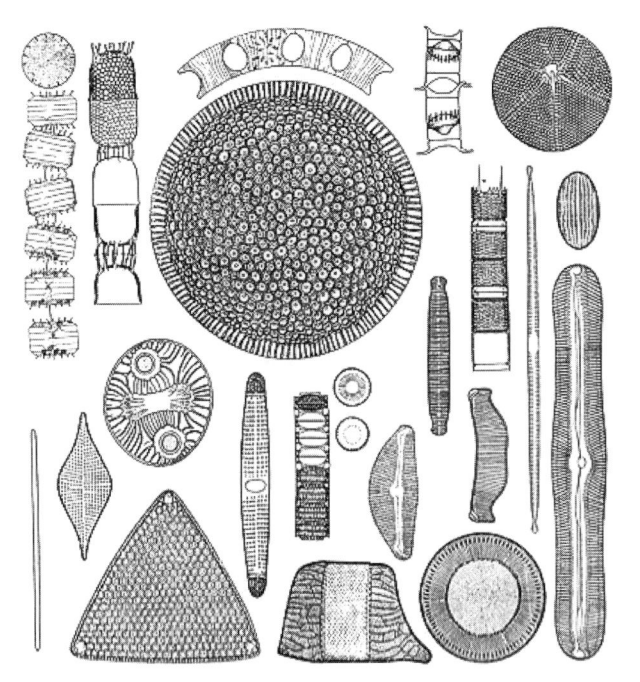

図4.10 様々な珪藻殻の形態

からなっており,さらに半被殻は蓋殻(valve)と複数の殻帯片(band)から構成されている(図4.12).これらの構成要素は,珪藻の死後比較的簡単に分離してしまうことが多い.そのためプレパラート中に固定されて観察される珪藻殻は,これらの構成要素のすべてが組み合わされたものからすべてが分離したものまで,様々な状態のものが観察される.

様々な組み合わせの珪藻殻は,その組み合わせ方に応じて正面または側面の2つの異なった方向から観察されることになる.殻の正面から観察される像を殻面観(valve view),そして殻の側面から観察される像を帯面観(girdle view)と呼ぶ.このどちらの方向から観察されるかは,組み合わされた殻の幅(W),長さ(L)および深さ(D)(または殻の直径と深さ)の大小関係で決まってくる.構成要素がすべてそろっている被殻は,一般にW or L≪Dの関係にあるので殻面観で,そして単一の構成要素の蓋殻はW or L≫Dの関係にあるので帯面観で,それぞれ観察される場合が多い(図4.12).殻面観と帯面観の対応は,それぞれの形や大きさ,光の透過度(殻または構造をつくっているシリカの厚みを反映)などを考慮す

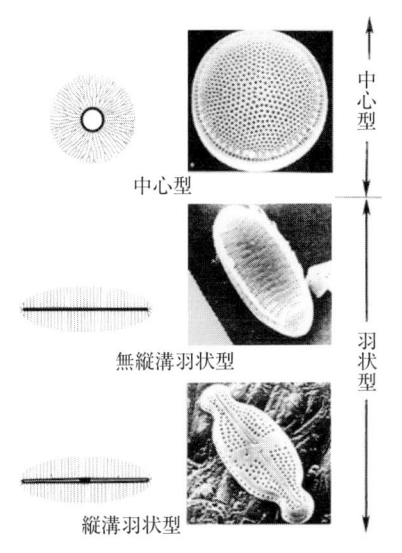

図4.11 珪藻の大分類(中心型と羽状型)

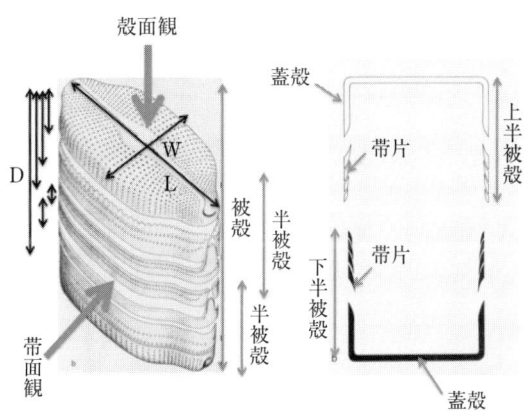

図4.12 珪藻殻の構成,観察方向,および殻の長さ(L),幅(W),深さ(D)

Dは殻の構成要素の組み合わせ次第で変わることに注意.

ることである程度推定できる．

b. 同形と異形，または二形現象と多形現象

珪藻殻を構成している上下2つの半被殻は一般に同形である．そのため，算定作業では半被殻（または，半被殻を構成している主な要素である蓋殻）1個を便宜上1個体として認定している．しかし，属種によっては上下の半被殻が互いに顕著に異なっていることがある（異形）．また，一般に観察される珪藻殻の多くは栄養細胞のものであるが，その他に休眠胞子*や増大胞子*も観察されることがあり，それぞれの殻全体が互いに多少とも異なった形態をもつとともに，それぞれの半被殻が同形であったり異形であったりする．このように珪藻では同一種が複数の異なった形態の殻をもつことがあるので，属種によってはこのような二形現象，多形現象にも注意を払う必要がある．

> **解説**
> **珪藻の「胞子」** 珪藻は通常2分裂による無性生殖を行うが，有性生殖として他の個体と接合し増大胞子という形態になるものもある．また栄養塩が不足すると，休眠胞子という形態になって栄養の供給を待つ種もいる．

4.5.2 観　　察

a. 観察に必要な倍率

珪藻殻の同定は，透過型生物顕微鏡で行う場合には，油浸100倍程度の対物レンズを用いて1000倍程度の倍率で行う．ただし，分類基準として重要な蓋殻にある微小な突起の数や配置を光学顕微鏡で確認するには，100倍の対物レンズでも解像度に限界があることがあり，その場合は電子顕微鏡での確認作業が必要になる．なお，このような高い倍率は一般に未知種の同定や分類学的な詳細検討の際にのみ必要なものであり，群集解析などにあたっての既知種の認定には油浸の対物レンズを使わない500倍程度の倍率で十分であって，むしろそのほうが作業効率が高い．

b. 模様の密度

珪藻の蓋殻表面の点紋や条線などの模様の密度は，珪藻種の同定基準の1つとして非常に重要であり，10 μm あたりの数として計測・記録される．これは接眼マイクロメーターを用いても数えてもよいが，デジカメ写真などを使用すれば楽に行える．密度が大事なのは，珪藻殻の大きさの変異幅に比べて，模様の密度の変異幅は圧倒的に小さく安定しているためである．

c. 標本位置の記録

写真撮影や形態の再吟味などのために散布スライド中の特定標本（個体）の位置を記録するには，一般に顕微鏡ステージの縦横グリッドの目盛の読みを使う．しかし，使用する顕微鏡が異なると使えなくなるので，模式標本や参考標本の位置をマークすることが望ましい．以前はイングランドファインダーが推奨されていたこともあるが（Kanaya, 1959 など），操作がやや面倒な割には効果が小さく，現在ではほとんど使用されていない．以下には，津村（1978）を参考にして，スライドに直接マーキングする方法を簡単に紹介する．

（1）目的の個体を視野の中央に置いた後，対物レンズを横にずらして，カバーグラス上で下からの光が当たっている部分にインク（またはサインペンなど）で，できるだけ小さく仮の印をつける．

(2) インクが乾いた後，顕微鏡からスライドグラスを外して裏返す．カバーグラスにつけた印を囲むような形で，インクまたはダイヤモンドペンシルなどで印をつけるか，またはアルミ箔の輪（外形 3 mm，内径 1 mm）を糊で貼り付ける．

(3) カバーグラス上の仮の印をふき取って完成．

d. 個体数の計数の仕方

珪藻化石の個体数の計数では，被殻を構成する上下 2 つの半被殻が分離していることが多いので，一般に半被殻の数で個体数を代表させている．壊れている殻については，原則的には 1/2 以上残っている破片を 1 個と数える．なお，1/2 以下の破片が多産するような場合には，いくつかの破片を頭の中で合算して，"合わせ業"の個体数として計数するようにする．

上記のような基準をもとにして，任意に選んだ走査線に沿った視野の中を通過する蓋殻数を計数し，試料中の種の相対頻度や単位重量あたりの絶対珪藻蓋殻数を求めることができる．

なお，*Chaetoceros* 属の休眠胞子は一般的な珪藻と大きく異なっており，"珪藻らしくない形態"をもっていること，および分類学的検討が遅れていたことのために，従来計数には含められないのが一般的であり，その量が生層序*学的に重要な情報をもっているとして通常の蓋殻とは別途にまとめて計数される程度であった（Akiba, 1986）．近年 Suto（2006）による一連の研究によって，この仲間の分類とその生層序学的および古海洋学的な有効性が明らかになってきたものの，計数はまだ別途行われることが多い．*Chaetoceros* 属以外にも，*Thalassiosira* 属や *Stephanopyxis* 属なども休眠胞子を形成することが知られているが，それらの休眠胞子は栄養細胞と類似した形態を示すことから，両者が区別されないままに計数されている．

[秋葉文雄・須藤 齋]

用語

生層序 地層の中に含まれる化石の分布を用いて，地層を区分すること．

5 スケッチ・写真撮影

　微化石像を記録する主な目的は，形態的特徴の習熟，証拠としての記録とり，重点研究用の撮影，そして論文提示用である．スケッチと写真は利点が異なるので使い分けるようにするとよい．近年はデジタル写真が主流だが，顕微鏡下では特徴をよくとらえられたのに，写真ではそれほどわからなくなっている場合がある．これは，写真は1画像につき1組の露出，焦点，構図しか選択できないことが一因である．特にデジタル写真では，露出寛容度（latitude）が狭く，露出過多または露出不足となる部位に特徴があるときれいな写真で提示しがたい．反射に遮られて観察しにくい部位なども1枚の写真に記録しきれない．それに対してスケッチでは，それらを1つの図にまとめることができる．描くことで観察能力が養われるため，スケッチは初学者に特に有効な学習方法である．

5.1 スケッチ法

　微化石のスケッチは重要な特徴を図に表現する．描き方には，リアルに描く場合と線描写する場合がある．鉛筆画のような無段階濃淡からなる描写は，論文では思い通りに印刷されないことがあるので，点描など白黒画像（2値化画像）をつくっておくと汎用性が高い．微化石向けの点描写では，主要な輪郭を一本線（主線）で描き，濃淡や質感を点描で表現する．
　スケッチは，ラフスケッチ，下書き，清書，ペン入れの順に書き直して仕上げていく．ラフスケッチから清書までは，先を尖らせた硬めの鉛筆で描き，次の作業に移るたびに濃い鉛筆を使うようにする．ラフスケッチは，細かいことはあまり考えずに構図など全体の形のバランスをとる簡単なものでよい．下書きでは，ラフスケッチを下地にして主線を決めるように輪郭を選び，様々な部位も同様に主線を絞り込む．清書では，ペン入れの段階で線の位置など修正や変更を考えなくてよい完成度が求められる．鉛筆画の要領で濃淡や質感も表現しておく．ペン入れではインクで清書をなぞり，鉛筆で表した濃淡や質感を点描の密度で表す．インクが乾いたら，消しゴムをかけて完成図とする．ペン入れは，芯の太さが異なる製図ペン（太さ0.1〜1.2 mmの間で5〜6種類）を使い分けるか，つけペン（Gペン，丸ペン，カブラペンなど）を使って墨汁で行う．製図ペンは均一な太さの線を描きたい場合，つけペンは筆圧を変えることで線の太さを変えて描くときに用いる．ペン入れにあたり，立体感や強調したい部位を自然に太くする．点描部分は，真円に近くな

るように点を打ち，点々を重ねないようにすることが原則である．点描画はコピーやスキャナーで取り込んでから縮小して利用することが多いので，原図に使うペンの太さはそのことを意識して選ぶようにする．

　有孔虫や貝形虫などを双眼実体顕微鏡で観察しながらスケッチする場合，それらの立体感，遠近感，質感がわかるように影を点描で表現する．立体感は，左上ないし右上からなど一方向から照明を当てる際にできる影をイメージして描く．遠近感は手前を濃くするか薄くするかで与え，質感はコントラストの強弱で柔らかさや金属感を表現できる．一方，放散虫や珪藻のように透過型顕微鏡での観察像は，遠近感と透過したイメージを図化する．輪郭は通常は一本線で描くが，透過型顕微鏡像のように透けて見える裏側の骨格は，輪郭を点々で表すとわかりやすい．顕微鏡をのぞきながらスケッチするには，「描画装置」というカメラ・ルシダ（camera lucida）が便利である．カメラ・ルシダを使うと，スケッチ対象と筆記用具を重ねて見ることができ，ピントをずらしながら正確に特徴を紙に写しとることができる．

　修正の容易さや論文投稿時の簡便さなどから，スケッチをパソコン上で描くこともある．そのためには，板状の入力装置であるペンタブレット（graphics tablet）ないしタブレットタイプのパソコンと，ペン入力に対応しているソフトウェアが必要である．これらをきちんと使えば手書きと遜色のないスケッチを完成させることができる（図 5.1）．ソフトウェアの中では，マンガ制作ソフトが点描写や電子スクリーントーンを使った図をつくることができて便利である．実際の作図では，描きやすいようスケッチを拡大ないし縮小表示しながら作業を進めるとよい．印刷解像度の兼ね合いから，最終的な原図での線の太さや点の大きさは，0.1〜0.2 mm または 0.25 point 以上にするのが安全である．

5.2　写真撮影法

　三眼鏡筒を備えた顕微鏡では，顕微鏡メーカーが販売する専用デジタル撮影装置，または市販のデジタルカメラと顕微鏡接続アダプターのキットなどが写真撮影

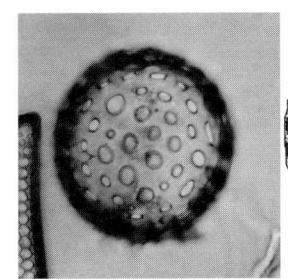

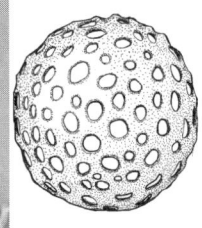

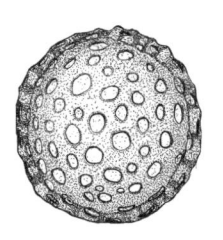

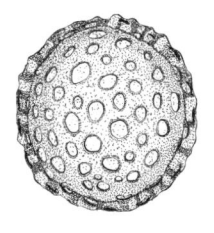

図 5.1　ペンタブレットを使ったスケッチの一例
左から，透過型顕微鏡写真，右上に光源を置いた格好でのスケッチ，透過像的なスケッチ，透過具合と遠近法を表現したスケッチ．

に使われている．双眼ないし単眼鏡筒の場合は，接眼レンズ部にカメラをつけて撮影する．

　写真はデジタル画像として記録し，ソフトウェアで画質や印刷サイズを調整して完成写真とする．調整時の画質劣化を抑えるため，図版に掲載する候補の被写体はRAW画像形式で保存する．RAW画像はA/Dコンバータまでの信号情報が保存されるので，あらゆる画質補正が行われる前の"生の"情報からなる．通常のCMOSやCCDはカラーフィルターを通して撮影しているので，RAW画像はカラー情報をもつ．RAW画像は調整の寛容度が高いものの，調整は最小限ですむように撮影する．顕微鏡撮影用カメラの基本設定を表5.1にまとめたので参考にされたい．デジタルカメラで白黒写真モードはRAW画像形式以外で設定できる．しかし，見かけは白黒でもフルカラー形式で記録していることがあり，その場合はフルカラーで記録したほうがその後の調整の寛容度が上がる．

　実体顕微鏡による画像は，被写体の光沢が写真に反映される反面，対物レンズの開口数が小さく，微細な構造は写りにくい．ピンク色をした浮遊性有孔虫の*Globigerinoides ruber*や，ガラス質殻底生有孔虫のように表面光沢に特徴がある微化石，コノドントのカラーインデックスなどには実体顕微鏡写真が有用である．RAW画像を残さない場合は，ホワイトバランスを丹念に調整する．ソフトを使ってグレー写真の画質調整をするために，あらかじめ灰色（RGB値で128, 128,

表5.1 顕微鏡撮影向けのカメラ推奨設定

項目	推奨設定	備考
ピント	マニュアルモード（MF）	オートフォーカス（AF）にすると，狙ったピントで撮影できない
フォーカス距離	無限遠（∞や山岳マーク）	無限平行光を撮影するという理由から
フラッシュ	発光禁止	発光許可とすると，フラッシュを前提とした設定で撮影され，特にRAW画像以外では影響が大きい
露出の度合い	レンズの絞りと露光時間のバランスをとる	被写体が白飛びや黒飛びしないようにする
レンズの絞り（F値）	希望する被写界深度	F値を大きくとると，被写界深度が深くなるが暗くなる．絞りすぎるとアイリス（絞りの羽根）が映り込むようになり，低くしすぎるとフレアが出ることがある
露光時間（シャッター速度）	白飛びや黒飛びしない時間	短いと黒く潰れ，長いと白飛びする．露出寛容度でどちらかが犠牲になる場合，白飛びしないようにするほうが目立たない
露光感度（ISO感度など）	ISO値が400くらいまで	ISO値を上げると暗い被写体を撮影できるが，ノイズが目立つようになる
ズーム	電子ズームは行わない	ケラレる場合は，光学ズームを行う
ホワイトバランス	背景が灰色になるように	光源の色温度はまちまちなので，試行錯誤で適正なホワイトバランスを選ぶ
シャッター	手ぶれを防止	無線シャッター，有線シャッターなど，用意できない場合はタイマー撮影をする

128：CMYK で 0, 0, 0, 50）を基準として撮影するとよい．陰影はソフトでは調整しきれないので，2本のアームをもつ照明装置を使っている場合は，1本のアームは目的とする構造が最もコントラストが出るように照らし，もう1本のアームは標本による影（陰ではなく）を少なくするように反対側から照らす．有孔虫や貝形虫などの表面構造を際立たせて白黒で撮影する場合，緑の食紅の水溶液ないしアルコール溶液で染色することもある．

　光学顕微鏡による撮影は，デジタル画像の保存形式にかかわらず，被写体が白飛びしないように撮影する．石灰質ナンノ化石は偏光顕微鏡，珪藻と渦鞭毛藻類化石の撮影は微分干渉像や位相差像，放散虫化石は透過光学像を撮影する．フルカラー画像が必要なのは，石灰質ナンノ化石の偏光顕微鏡像と渦鞭毛藻類化石の微分干渉像である．珪藻化石や放散虫化石ではグレースケール画像でよい．石灰質ナンノ化石や渦鞭毛藻類化石をグレースケール画像で提示する場合，グレースケール画像調整用に別途撮影が必要となる．これは，フルカラー画像をグレースケールに変換するにあたり，変換公式の特性上，特に青色系が黒く潰れてしまうことが一因である．

　偏光を用いて shield の光り方に注目する石灰質ナンノ化石の場合，弱い光り方をする種を撮影すると，多くは露出オーバーとなり，光り方の差異がうまく表現されない．したがって，撮影に際しては露出時間を短めに設定するなどしてその違いをとらえるよう工夫する（図5.2）．

　珪藻の殻の記載は殻の外側からの観察結果をもとにしているので，写真は殻の外側から撮影するのが原則である．したがって，特殊な構造や形態要素を観察したり，その個体以外の標本が見つからないような場合を除いては，殻の内側が見えて

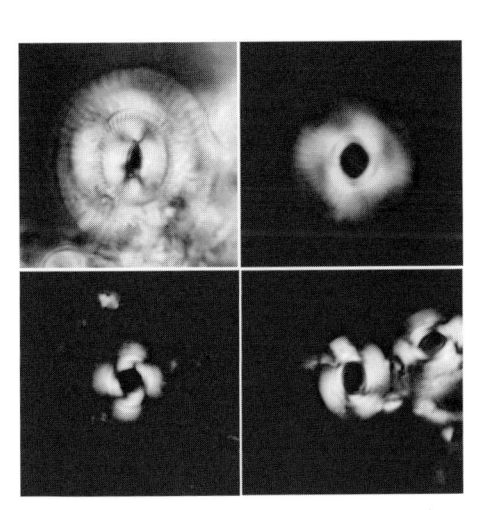

図 5.2　石灰質ナンノ化石の偏光顕微鏡写真 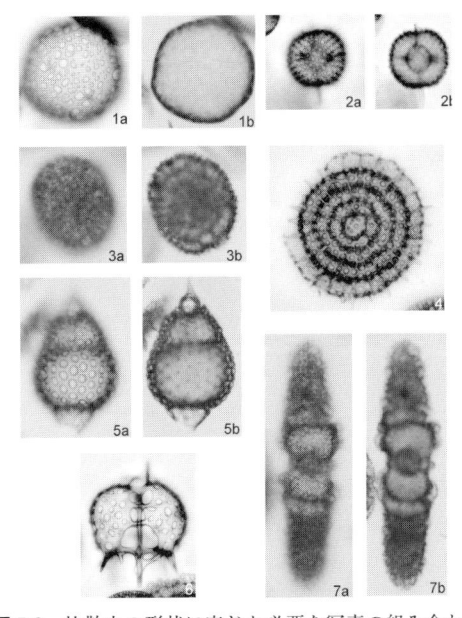　　**図 5.3**　放散虫の形状に応じた必要な写真の組み合わせ

> **用語**
>
> **薄片** 岩石・鉱物・化石などを薄く切断して研磨し、光を通す状態にした標本。スライドグラスなどに貼り付けて作成され、偏光顕微鏡観察などに用いられる。

いる個体の撮影は極力避けたい。

　放散虫化石の場合は、焦点深度の深さに比べて被写体のサイズが大きいために、1個体あたり焦点の異なる複数枚の写真を用意する（図5.3）．同じように光学顕微鏡で観察するフズリナのような大型有孔虫の薄片*は、スキャナーの透過ユニットかフィルムスキャナーを使うと全体像の撮影が容易であり、顕微鏡像と異なりレンズによる収差が出ない。撮影は、焦点位置を近づけるためにカバーグラスを下側に向け、取り込み解像度はスキャナーの光学解像度の最大値でよい．

5.3　デジタル画像処理

　デジタル画像処理では、RAW画像現像ソフトによる現像調整、またはフォトレタッチソフトによる画像調整やトリミングを行う。焦点合成や画像連結などの合成、デコンボリューションなどの補正もしばしば行われる。調整は最小限に留めるが、絶対にやってはいけないことがある。それは、都合の善し悪しで画像を変形したり、部分削除したり追加するなどの真像を損なう修正である。真像の証拠として、未調整の元画像を必ず保全するようにする．

　画像調整にあたり、画像形式によらず重要なのは、色温度の調整とコントラスト（色の輝度の差）の調整である。色温度は、フルカラー画像はもちろん、最終的にグレースケールに色数変換する際にも写真全体のトーンに関係する。コントラストの調整は、一般的なやり方では画像全体の階調を最大化することが推奨されているが、微化石像に限ってはこの方法で適正な結果になるとは限らない。最大の理由は、被写体の階調のみを調整したいにもかかわらず、通常の画質調整は背景も含めて行うことが前提となっているからである．

　RAW画像の現像調整では作業順序による画質劣化は生じない。しかし視認性のよさから、最初に露出補正とコントラストの調整（コントラスト中心、ガンマレベル、黒レベルを含む）を行い、ホワイトバランスと色かぶりの調整（色温度、色偏差、暗部調整を含む）、彩度の調整、シャープネスとノイズリダクション、の順序で現像前に調整を行うと自然に仕上げやすい。グレースケールに変換する場合も、RAW画像用の現像ソフトで行う。RAW画像以外の画像ファイル（例えばJPG，BMP，TIFFなどの画像ファイル形式）を画像処理する場合、RAW画像現像処理ソフトまたはフォトレタッチソフトを利用する。RAW画像以外のファイル形式では画質劣化を少なくするような作業順番が重要で、画像の回転、トリミング、画質調整、色数変換、解像度の調整の順に行うことを勧める。論文用に使う写真はたいていグレースケール状態で印刷されるので、画像は必ずグレースケールに変換する．

　[画像合成]　ここでは真像を保ったままの焦点合成と画像連結のことをさす。焦点合成では、浅い焦点深度の写真を十数枚以上用意して、専用ソフトウェアで合成する。複数の合成方法で画像を用意できるソフトもあり、結果を比較して最もよい

ものを選択すればよい．画像連結とは，部分撮影した画像をつなぎ合わせて1枚にする作業をさし，薄片やTEM写真のようにレンズ収差や色調が一定の場合にはきれいに結合できる．焦点合成や画像結合ソフトは，マクロ撮影装置のオプションで販売されているものもある．デコンボリューション（deconvolution）は，本来は1点になるべきものがレンズの回折などでぼやけてしまう画像に関数を施してきれいな画像を得るフィルターである．顕微鏡の蛍光像や暗視野像では必須の補正であり，天文画像の補正でよく使われるので，詳細はそちらを参考にされたい．

5.4 電子入稿用画像

近年，論文提示用の画像はたいてい電子入稿となっているので，電子出版できれいに出ていても，紙媒体での出力では思わぬ画質で印刷されていることがある．それを避けるためには紙媒体の印刷の仕組みを知っておくとよい．

紙媒体での出力は，一例としてオフセット印刷は175 lpi，高精細印刷で200〜400 lpiで印刷され，図版などでは600 lpiのこともある．lpiとは1インチあたりの印刷線の本数で表されるスクリーン線数の単位で，印刷の精度に比例する．モアレやジャギーを抑えた印刷をするには，スクリーン線数の2倍のドット密度（dpi）でデジタル画像を用意するのが目安とされ，仕組み上，それ以上の高精細の画像を用意しても表現に差が出ない．電子入稿用の原図は点描画などの2値化した図，グレースケール化した白黒写真，RGB（またはCMYK）によるフルカラー図の3種類があり，必要十分なドット密度は異なる．スクリーン線数が600 lpiとした場合，それぞれ1200 dpi，400〜600 dpi，300 dpiが目安となる．投稿先の雑誌がドット密度を指定していることがある．線画や点描画は175 lpiなど小さいスクリーン線数で印刷されることもあるので，線の太さや点のサイズは0.25 pointないし0.10〜0.20 mm以上にするのが無難である．モアレやジャギーの発生検証について，画面上やインクジェットプリンターによる出力でいくらきれいに見えても，印刷機のスクリーン線数を再現できる機器ではないので意味がない．このように，電子入稿では原稿解像度と印刷解像度が複雑な関係にあるため，入稿用原図は印刷原寸か，拡大・縮小時にドット密度がスクリーン線数の整数倍になるよう調整した画像を用意すれば印刷上のトラブルは少ない．

図版を作成する場合，SEM写真を並べる場合は背景を黒くすることが多い．その際，ファイルの色情報がグレースケールになっていることを確かめる．原図は白黒ないしグレー階調に見えても，電子ファイル上ではフルカラー（CMYKやRGB）で管理されている場合があることに注意を要する．CMYKで原図を電子入稿する場合，「黒」をスミベタ（K 100%）とすると，裏写りして印刷されることがある．そこで，リッチブラック（C 40%，M 40%，Y 40%，K 100%）を指定する．しかし，リッチブラックは4種類のインクを重ね塗りするので用紙の伸縮が起き，細い白抜き文字がきれいに出ないことがある．その場合はスミベタを使うが，CMYのいず

れでもいいので別の色を 1% 加える（例えば C 1%, M 0%, Y 0%, K 100% など）と，裏写りせずに印刷できる．

　投稿用のファイルは，解像度の他にファイル形式も指定されていることが多く，TIFF 形式や EPS 形式を求められることが多い．TIFF 形式では，「アルファチャンネル」を削除し，圧縮は原則的に行わない．EPS 形式の場合は配置した画像は埋め込み，フォントは埋め込みかアウトライン化，ポストスクリプトのバージョンは 3 を選ぶように指定されていることが一般的である．フルカラーの場合は指定のカラーが RGB なのか CMYK なのかの確認が必要である．PDF 入稿が許可されている場合は，印刷用途に最適化されている PDF/X 規格（2012 年現在で PDF/X-1a が普及している）で保存する．PDF/X 規格では，埋め込み画像は出力用の実画像であり，フォントはアウトライン化ないし埋め込まれ，カラーは CMYK のカラースペースとなる．PDF/X 形式でファイルを保存しようとすると警告が出る場合は，印刷上のトラブルが発生する可能性があるので，原図を修正する．　　　［鈴木紀毅］

6 データの処理

量的に扱うことができる微化石は，数量的解析に適している．本章では，数量的解析を念頭においたデータセットの準備，データの提示方法，そして解析上の注意点について説明する．解析手法の理論，数学的な裏付けや厳密な定義は専門書を参照されたい．

6.1 相対産出頻度の数理的性質と現存量

6.1.1 相対産出頻度

用語

タクソン・タクサ
他の生物たちと識別することが可能な形質を共有し，分類学上個別の単位として認められる生物の集合のこと．分類群とも．タクソンが単数形で，タクサが複数形．

大量の微化石を検鏡する理由は，母集団を反映したデータセットを得たいからである．このデータセットは，統計では標本集団と呼ばれるもので，少ない検討個体数でもある程度よい結果を示すことができる．試料間の検討個体数の差を無視したい場合，相対産出頻度を解析に利用する．実際の解析では，検討個体数を最小限に絞っているため，相対産出頻度の実測値には必ず誤差を伴う．また稀産出のタクソン*では偶然の産出のおそれがある．この実測値の誤差と偶然の産出の2点は，データ解釈の精度に大きく影響する．

相対産出頻度の実測値の誤差を統計の信頼区間として考えると，その誤差の大きさは検討個体数と相対産出頻度の実測値の2つから計算できる（図6.1）．例えば10%という相対産出頻度の実測値は，統計的には真の値とは限らない．検討個体数が200，500，1000個体における真の相対産出頻度値は，信頼係数を0.95とすると，実際には95%の確率でそれぞれ10±8.6%，10±5.4%，10±3.8%の範囲のどこかにあることになる．検討個体数が異なる相対産出頻度を使う場合も含め，相対産出頻度の差を論じるときには信頼区間を考慮しなければならない．

稀産出のタクソンが偶然の発見なのか否かを考えるには，例えば「95%の確率で

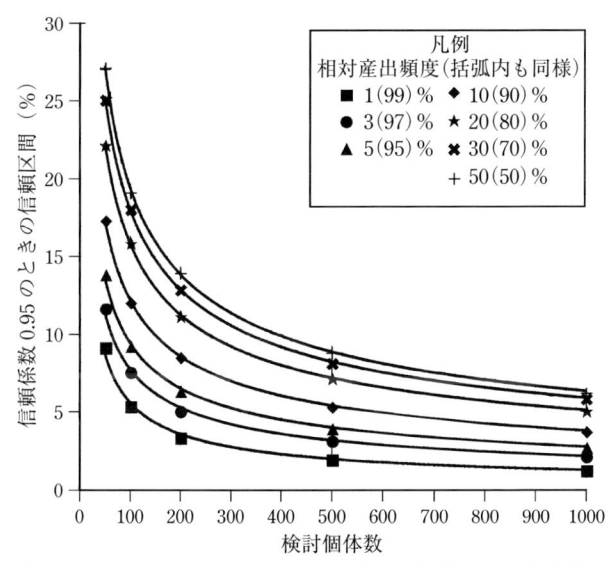

図 6.1 二項分布を仮定した場合の相対産出頻度の統計的誤差（信頼区間を95%とする）

Faegri and Ottetad（1948），塚田（1974）を一部改変．

表 6.1 統計的に有意な産出とみなせる相対産出頻度の下限値

検出個体数	下限値（棄却水準を5%とする）
10	25.9%
30	9.5%
50	5.8%
100	3.0%
150	2.0%
200	1.5%
300	1.0%
500	0.6%
550	0.5%
700	0.4%
900	0.3%
1000	0.3%

必ず産出する」と統計的にとらえて考えるとわかりやすい．すなわち，相対産出頻度を棄却水準（＝過誤をする確率）5%で「有意な産出とみなせる」と判定（検定）することである．二項分布という統計分布を仮定して計算すると，有意な産出とみなせる相対産出頻度は検討個体数ごとに異なる（表6.1）．例えば検討個体数が500個体の場合で棄却水準を5%とすると，相対産出頻度の真の値の0.6%以上が統計的に有意な産出となる．実際に得られる相対産出頻度の実測値に誤差があるので，この事例における実測値は信頼区間の下限が0.6%以上となる4～5%にならなければならない（図6.1）．言い換えると，実際には検討個体数が500個体の場合，相対産出頻度が4～5%以上ないと，95%の確率で必ず産出するという統計的な保証が得られない，ということである．

6.1.2 現 存 量

現存量（standing stock または standing crop）は，水中（水生生物の場合）や試料の一定量あるいは一定面積あたりに存在する微化石の量で，存在量（abundance）ともいう．生産量（production）とは似て非なる用語であり，基礎生産の研究では厳密に区別される（丸茂，1974）．現存量は生産量から消費（consumption）を含めた損失量（loss）を引いた値であり，損失量は運搬，溶解，破壊，および捕食などで滅失してしまったものである．

微化石群集の相対産出頻度は現存量を考慮しないデータである．注目するタクソンについて，現存量が変わらなくても残りのタクサの現存量が増加すれば相対産出頻度は当然小さくなる．これは「減少返却の法則（law of diminishing return）」と呼ばれる（塚田，1974）．数理的特性によって，現存量の変化に対する相対産出頻度の感度が異なる．現存量がわずかに変化するときに相対産出頻度の値が5～6%と10～20%の間で急変し，20～40%の間も変動が目立つ．40%を超えると現存量が大きく変わっても相対産出頻度の変動が緩やかになる（Faegri and Ottetad, 1948）．このような数理特性を念頭に相対産出頻度を利用する必要がある．現存量と相対産出頻度を組み合わせると，現存量の増減の仕方が全群集の中で相対的に早いのか遅いのかを判別できる（表6.2）．

堆積物・岩石を対象とした微化石の現存量は，単位体積，単位堆積速度，乾燥試料の単位重量のいずれかに換算した含有個体数で表す．現存量を単位あたりの含有個体数で表す利点は，他のタクサの産出頻度と独立したデータが得られることである．ただし，堆積物・岩石が圧密を受けていたり，構成粒子の大きさや重量が顕著に違えば，現存量の換算に大きな影響を与える．堆積物の状態が同じかどうかよく判断しなければならない．

表6.2　注目しているタクソンの相対産出頻度と現存量の意味

		注目しているタクソンの現存量		
		増加	無変化	減少
注目している タクソンの 相対産出頻度	増加	注目しているタクソンが他のタクソンよりも早く増加している	現存量のバランスを保ったまま，注目しているタクソンの現存量が増え，他のタクソンの現存量が減少	注目しているタクソンが他のタクソンよりゆっくり減少している
	無変化	注目しているタクソンが他のタクソンと同じ速度で増加している	無変化	注目しているタクソンが他のタクソンと同じ速度で減少している
	減少	注目しているタクソンが他のタクソンよりもゆっくり増加している	現存量のバランスを保ったまま，注目しているタクソンの現存量が減少し，他のタクソンの現存量が増加	注目しているタクソンが他のタクソンより早く減少している

6.2　検鏡方法

　検鏡は，目的と時間的制約を考え，タクソンごとに個数を計数する定量計数（quantitative counting），視認で産出量を判断する半定量計数（semi-quantitative counting），産出の有無のみの記録（present/absent list），といった方法を使い分ける．顕微鏡下では重複して数えないように注意する．有孔虫や貝形虫では，実体顕微鏡下で拾い出した後に計数するので重複しにくいが，放散虫などの封入スライドでは注意が必要である．ここでも重要なのは，統計的な標本集団とみなせるような検鏡方法をとることである．珪藻や石灰質ナンノ化石のスライドでは統計的標本集団がスライド上で実現していることが多いので，濃度が一定のところに測線をひいて検鏡をすればよい．一方，放散虫の封入スライドの場合はスライド作成時に殻形状とサイズによる分級が多少なりともみられ，均一分布に見えても600〜700個体を検鏡しないと十分に安定しないことがわかっている（鈴木・木田，2004）．まずスライドの全体を検鏡して分級状況を確認し，それから測線を設定して計数を始める．

　定量計数をする場合は，検討予定の試料数と1試料あたりの検鏡時間から達成可能な検鏡計画を立てる．半定量計数は，結果を速報しなければならない場合や厳密な計数値がいらないような場合に行う方法で，岩石の色指数を目視判定するのと似た要領で産出量を判断する．視認で比率を判断するとはいえ，論文には閾値を載せなければならないので，予備検鏡を行って目安を決める（図6.2）．データは，very abundant, abundant, common, rare, very rare（それぞれ，略記するとVA, A, C, R, VR）

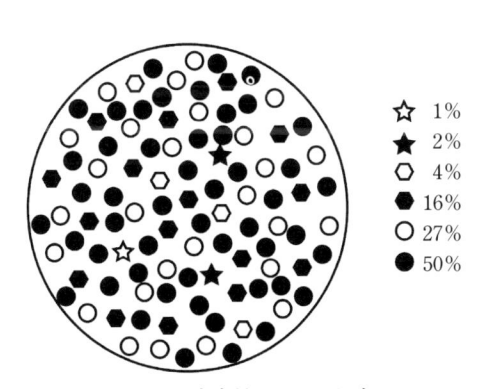

図6.2　半定量データの目安

☆　1%
★　2%
⬡　4%
⬢　16%
○　27%
●　50%

などの階級で記録する．

6.3 データの整理と図による表示方法

6.3.1 産出表

産出表は表計算ソフトウェアでつくり，これをもとに解析し図を作成する．産出表では図 6.3 のようにタクソン名と試料番号からなる行列をつくり，セルにデータを入力する．行列のとり方に決まりはないが，通常，行（横方向）にタクソンを，列（縦方向）に試料番号を並べる．特に，年代を意識する場合は試料番号を縦に並べ，層位的下位の試料（もしくは年代的に古い試料）を下に置くと視認性が高い場合もある．タクソンの順序も目的によって異なる．アルファベット順，分類階級による区分，環境ごとによる区分，初産出が早い順，最終産出が早い順，などがあげられる．セルには，定量計数の場合は個体数か相対産出頻度，半定量計数の場合は比率を示す記号，有無の場合は present, absent など 2 値化した P, A など（＋，−のこともある）の記号を入力する．理由があれば，産出表は異なる計数法が混在した表になってもかまわない．

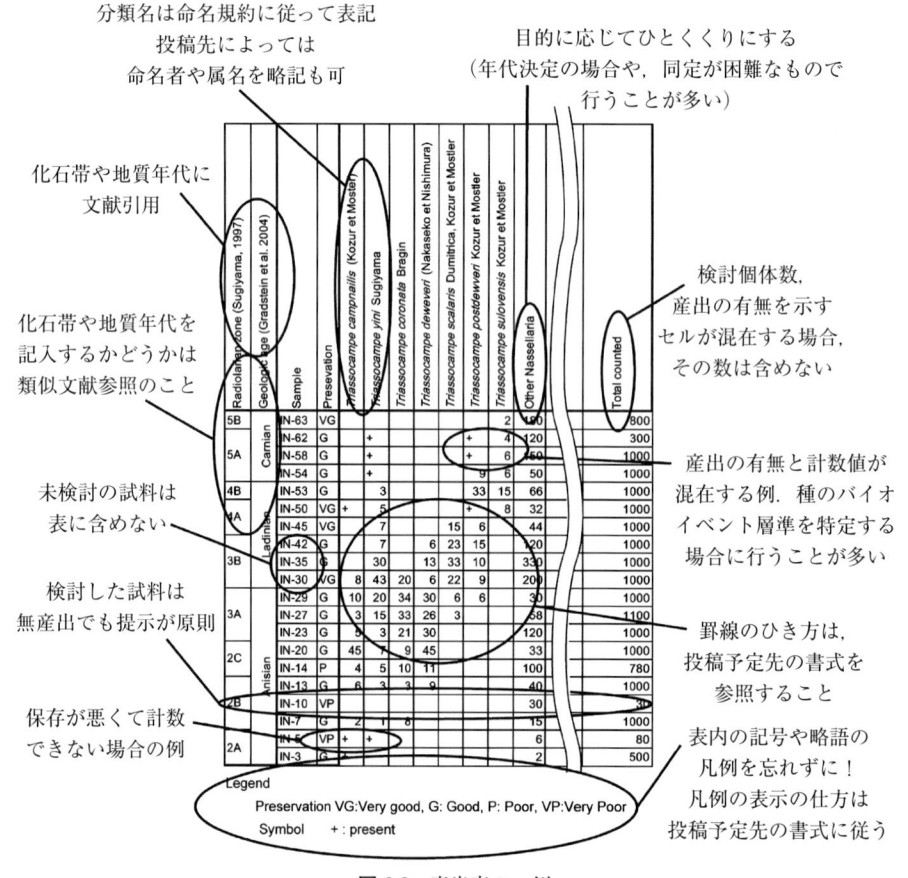

図 6.3　産出表の一例

6.3.2 図による表示法

　図による表示法は，最も工夫が必要な作業の1つである．図面の構成を決める指針は，どこでその図を使いたいのか（学会発表なのか，原著論文なのか，総説なのか，普及書なのか），他者に何を伝えたいのか，他者にどういうふうに見てもらいたいのか（学会発表で遠くから見えるようにするのか，原著論文の中でじっくり見てもらうのか），その図が読者に思わぬ誤解を与えることはないか，などである．基本的な図として，(1)柱状図*，検討試料の採取層準，産出データをセットにしたダイアグラム，(2)試料採取地点図，(3)重要な微化石の写真を載せた図版の3種類がある．

　ダイアグラムは，図6.4に示したように，層厚用のスケール，柱状図，検討試料層準を図面の左側に並べ，産出データを右側にグラフとして並べているものが多い．グラフ部分は，タクサの並べ方（産出順序優先か，分類名優先か），表示形式（階級形式や百分率か），ダイアグラム（バブルグラフ，階段グラフ，帯グラフ），総合ダイアグラム（帯グラフや面グラフ，図6.5）などの組み合わせが基本となる．図6.6は温泉ボーリング試料の調査結果（千代延ら，2007）を示したもので，面グ

> **用語**
> **柱状図**　岩相の時間的な連なりを，実際の層厚に比例させ，層序どおりに積み重ねて表現した模式図のこと．

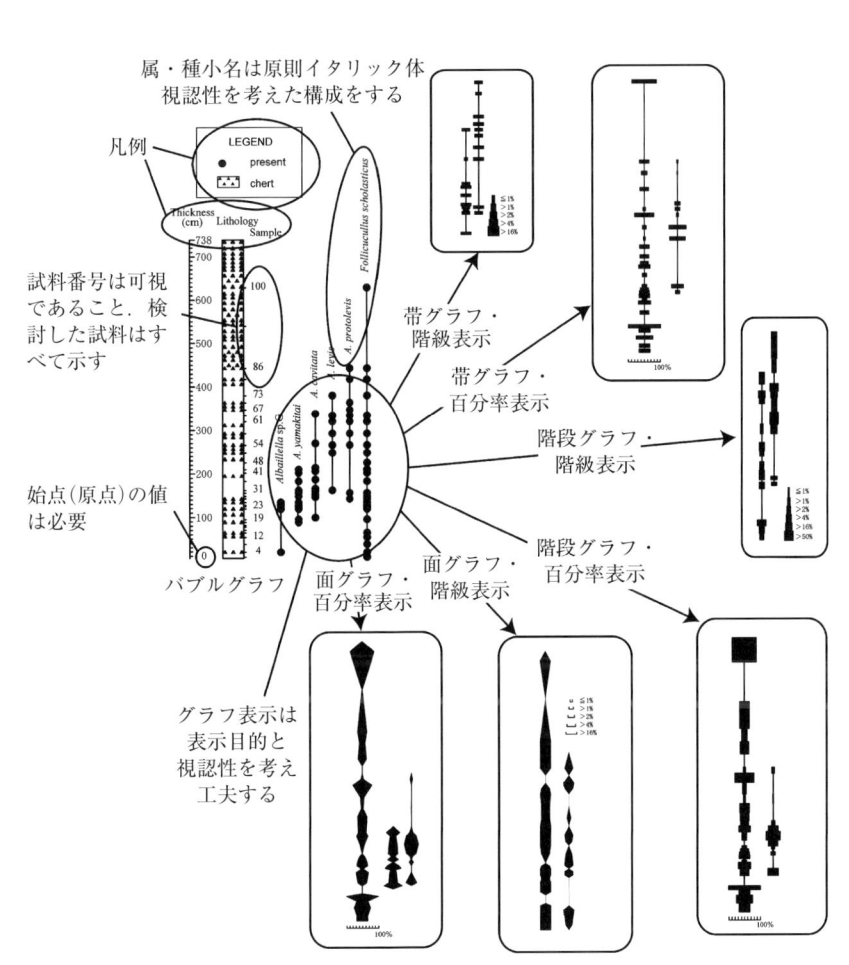

図6.4 ダイアグラムによる表現法

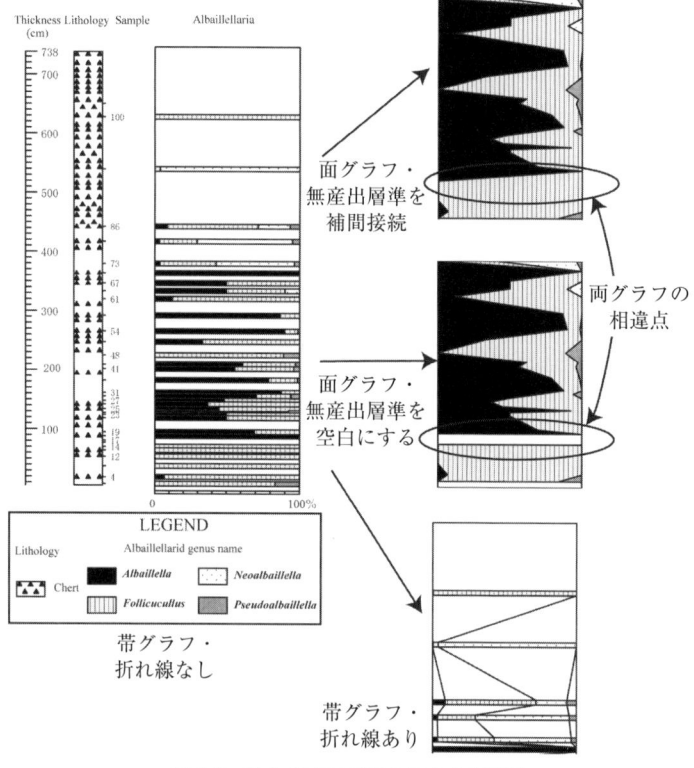

図 6.5 総合ダイアグラムによる表現法

ラフ・百分率表示をしている．帯グラフに比べ，個々の種がどの層準で変化するかを具体的にとらえることができる利点がある．

試料採取地点の図は，研究者がその場所を再現できるように明確に示すことが重要である（図 6.7）．また，近年では高精度層序学の観点から，1 m，ときには 10 cm の層位間隔で試料を採取することがある．その場合も図 6.8 にあるように，露頭の様子とともに採取地点を示すことを勧める．

産出表や図面の見栄えがよくても，本文の記述と不一致になっていることが少なからずあり，論文不採用の一因にもなっている．本文の執筆は，完成した産出表や図面を見ながら行うことを強く勧める．

6.4 解析対象のスクリーニング

解析では，目的をはっきりさせて手法を選択し，その手法を吟味してデータを整理する．その具体的な方法は，目的，手法の特徴，分類群で多様なので類似研究を参照する．生データに近い状態で解析したいものの，解析に明らかに無関係なデータやノイズとなって解析精度を低下させるデータを外す必要があるため，タクサをひとまとめにすることもある．このような作業をスクリーニングというが，決して都合の善し悪しで除去しないように注意する．

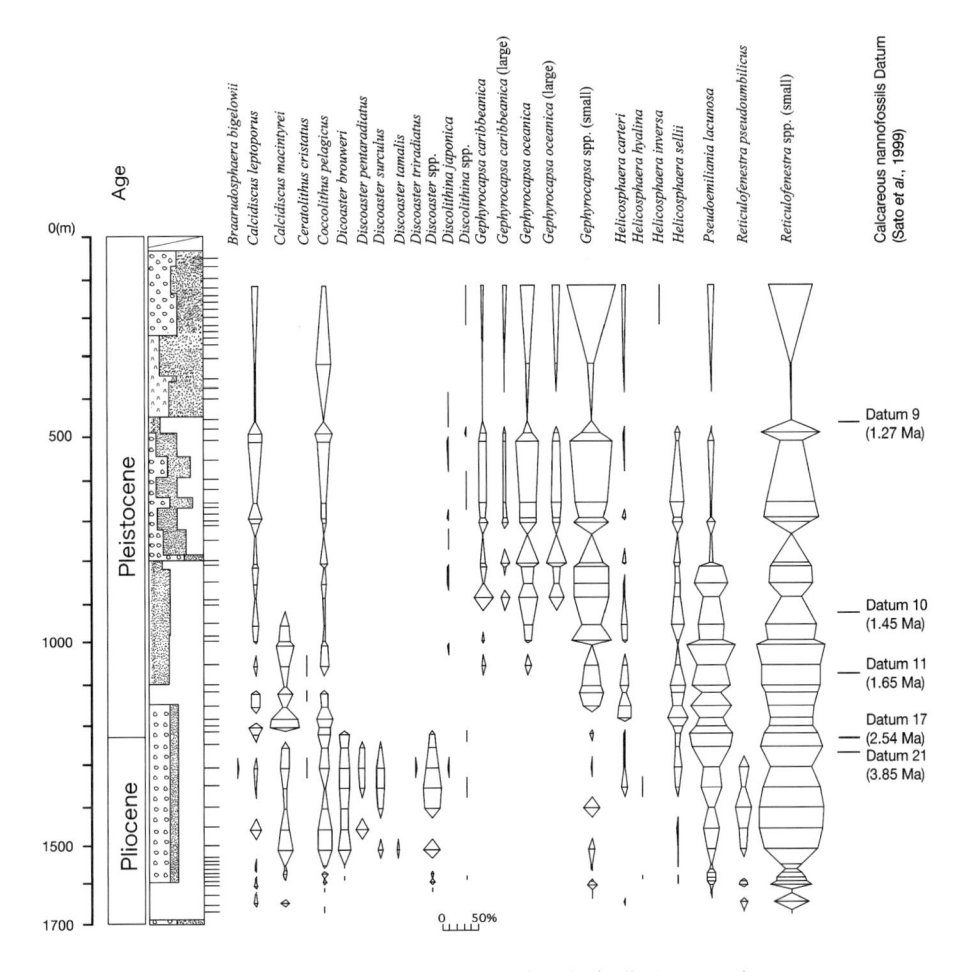

図 6.6 面グラフ・百分率による表現法（千代延ら，2007）

　数量的解析には，統計的な手法，古生物（生物）の様々な数値指標，形態解析がある．本章では扱わないが，時系列解析や数量生層序理論なども実用的に使われている．統計解析には，狭義の基礎統計をさすパラメトリック法，ノンパラメトリック法，多変量解析，高度解析がある．数学的には厳密であるが，利用者にとっての統計解析はデータの状態を客観的に表示する"言語"といっていいだろう．数値指標には，多様度，群集変遷を数値に変換したものがある．形態解析は単純に長さをはかるようなものから，複雑な固有形状解析のようなものまで多くの方法がある（生形，2005）．

　選べる解析手法は，数量的解析でいうところのデータの尺度で限定される．産出表のセルに記載されるデータのうち，定量計数である個体数や相対産出頻度は連続変量（continuous variate）とみなした比尺度（ratio scale），階級値などで表す半定量計数は順序尺度（ordinal scale または ranking scale），産出の有無や単に区分をしているだけの場合は分類尺度（categorical scale）または名義尺度（nominal scale）にあたる．

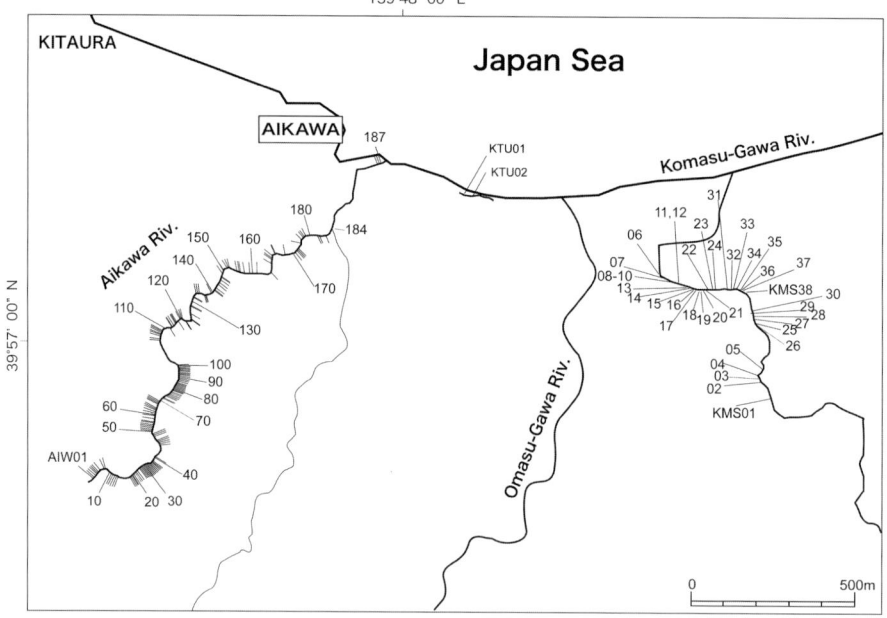

図 6.7 試料採取地点図の例（佐藤ら，2012）

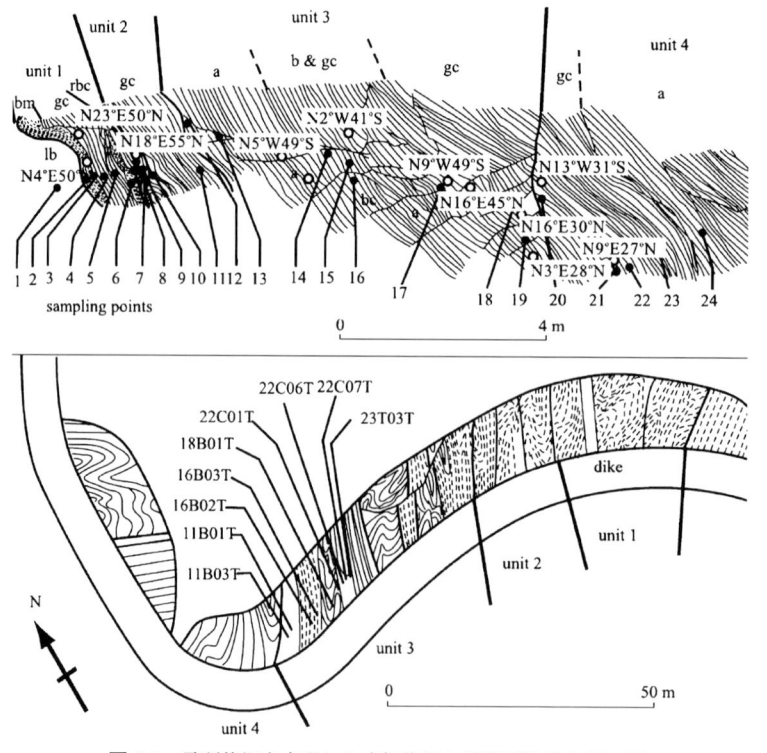

図 6.8 露頭状況を表現した高解像度な試料採取地点図の例

解析をかける前に産出表をながめて徴候を読み取り，定量的に証拠づけられそうなことは何か吟味する．数量的解析はデータ尺度と入力様式が合っていれば出力値を必ず得られる反面，選んだ解析が目的やデータの特性と合っていなければ意味がない．そのため，その解析手法の適用前提をデータが満たしているか，出力値をどう解釈するのか，といった検討を行い，また解釈の限界や制約を理解することが重要である．

6.5 基礎統計解析（広義）

ここでの基礎統計解析とは，狭義の基礎統計であるパラメトリック法に，ノンパラメトリック法を加えたものをさす．基礎統計を使う利点は，議論をするためにその都度データ全部を出すのではなく，"代表値"にまとめてしまうことで，要約統計量の提示ですむところにある．パラメトリック法としては平均や分散，t 検定などが利用されるが，これらはデータ分布がある統計分布モデル（主なものは正規分布）に従っていることが前提の手法である．その前提からあまりにもかけ離れたデータセットの場合，ノンパラメトリック法を使わなければならない．その場合，平均，分散の代わりにそれぞれ最頻値，四分位偏差を，t 検定の代わりに Wilcoxon 検定あるいは Mann–Whitney の U 検定などを使う．

6.5.1 パラメトリック法（狭義の基礎統計）

平均値など要約統計量を使いたい場合，まずはパラメトリック法を使ってデータの性質を吟味する．データが正規分布していれば，このままパラメトリック法で統計解析を続ける．その判定には，基礎統計量を求めるほか，ヒストグラムを描いて分布形状をつかみ，正規性検定を行い，外れ値や正規性に疑問がある場合は正規確率紙にプロットして調べる．

基礎統計量は，データの大局的特性を把握するとともに，解析手法の前提と合致するかを検討するのに参照する（表 6.3）．基礎統計量は一峰性の正規分布を前提に計算している．二峰性以上の分布などは基礎統計量だけでは把握しきれないので，ヒストグラムを一度はつくり視認する．また，階級数の選び方でヒストグラムの形状は恣意的に変わってしまうことに注意する．階級数の目安はスタージェンスの公式などで見積もられる．この公式の場合，検討個体数が 100，500，1000 の場合にそれぞれ 8，10，11 階級となる．

正規性検定は，ソフトウェアのオプションで Kolmogorov–Smirnov 検定（KS 検定）や Shapiro–Wilk 検定を行えばよい．ただし，自然科学データのほとんどは正規分布から偏っている上，統計的にヒストグラムが相当おかしい場合を除き，あまり厳格に正規性検定に従う必要もないとされる（市原，1990；奥田，1999）．そうはいっても，外れ値が含まれることは普通であり，その後の解析に影響が出ることも少なくない．外れ値の特定は重要で，正規確率紙にデータをプロットして検証す

表 6.3　基礎統計量の一覧と概念

	データ名	英語表記	統計の種類	単位	意味	備考
代表値	平均（＝算術平均，相加平均）	arithmetic mean	パラメトリック	あり	データの総和をデータ数で割ったもの．ノンパラメトリック法では中央値	正規分布をしていれば，算術平均，最頻値，中央値は一致する．これらの値が大きくずれる場合は，正規分布から外れている可能性が高い
	調和平均	harmonic mean	パラメトリック	あり	推積速度の平均や変化率の平均を知る	
	幾何平均（＝相乗平均）	geometric mean	パラメトリック	あり	変化率の平均を知る	
	最頻値（モード）	mode	ノンパラメトリック	あり	データを度数分けしたときに，最も度数が大きいデータ値	
	中央値（メディアン）	median	ノンパラメトリック	あり	データを大きさの順に並べたときに中央にくる値．パラメトリック法の相加平均にあたる	
	最大値	maximum value	種類によらない	あり	データの中で最も大きい値	外れ値があると大きく影響をうけるので，データ分布の確認が必須
	最小値	minimum value	種類によらない	あり	データの中で最も小さい値	
	範囲（レンジ）	range	種類によらない	あり	最大値と最小値の差	
散布度状態	分散	variance	パラメトリックが原則	単位の2乗の値	データのばらつきを表す指標．個々の値と算術平均の差を使う．データのばらつきが大きければ値が大きくなる	正規分布かつ分布の形状が算術平均を中心に左右対称であることが前提．歪度や尖度が大きな場合や，非正規分布の場合は意味をなさない
	標準偏差	standard deviation (SD)	パラメトリック	あり	平均値と単位をそろえるために，分散の平方根をとった値．ノンパラメトリック法では四分位範囲が該当する	
	四分位数25％点	25% quartile	ノンパラメトリック	あり	データを大きさの順に並べ，小さいほうから25％目の値	範囲，最大値，最小値と異なり，外れ値の影響が少ない
	四分位数75％点	75% quartile	ノンパラメトリック	あり	データを大きさの順に並べ，小さいほうから75％目の値	
	四分位偏差	quartile deviation	ノンパラメトリック	あり	四分位数の75％点と25％点の値の差を2で割った値	標準偏差のノンパラメトリック版
	変動係数	coefficient of variation (CV)	パラメトリックが原則	無名数	平均値が異なる2つの値のばらつきを比較したいときに算出する	
分布の形状	歪度	skewness	パラメトリック	あり	理想の正規分布（標準正規分布）と比べ，分布の裾野がどれくらい偏っているかが分布の山の位置（最頻値）がどれくらいずれているかを失度という	歪度＝0，尖度＝0が標準正規分布の場合とした．p＝0.05で有意差をとる値は，検鏡個体数が100，200，500，1000個体の場合，失度や尖度の上限有意点，（歪度，尖度）はそれぞれ，(0.38, 2.35, 3.77), (0.280, 2.51, 3.57), (0.179, 2.67, 3.37), (0.127, 2.89, 3.12)となる
	尖度	kurtosis	パラメトリック	あり		
平均の信頼度	平均値の標準誤差	standard error of the mean (SE)	パラメトリック	あり	統計的にとりうる算術平均値のばらつき	ヒストグラムで，検討個体数を増やすと山が高くなって，裾野の広がりが小さくなる．SEはこの裾野の広がりを表しているため，検討個体数が増えるとSEは小さくなる
	信頼区間	confidence interval	パラメトリック	あり	SEから求める．「平均値のエラーバー」である．統計的に定義されており，信頼係数0.95（棄却限界p＝0.05）などを指定して求める	信頼区間の上限＝平均値＋t（分散／検鏡個体数）で求める．信頼係数0.95の場合，検鏡個体数が120個体を超え，t＝1.960を代入すればよい
その他	調整平均	trimed mean	ノンパラメトリック	あり	データの中に極端に大きい値や小さい値がある場合に，大きいほうと小さいほうから同じ数のデータを除去してから求める平均値．特殊な方法に，ウィンザー平均がある	Mann-WhitneyのU統計量やHodges-Lehmann型の推定量を利用する．利用する統計量・推定量によって，データの除去の仕方が恣意的になりうるので，慎重に扱ったほうがよい

る（図6.9）．外れ値は「外していい」値とは限らない．外れ値があるのが正常なのか異常なのか，間違いなのか，元標本にたちもどり吟味する．

6.5.2 ノンパラメトリック法

この方法は分布型に前提が存在しない手法とはいえ，ある値を中心に分布が左右対称であることを前提とした手法も混じるので，前提条件の有無は統計の教科書で確認するようにする．ノンパラメトリック法を使うべき場合は，非正規分布の場合の他に，データの分散が群によって一様ではないとき，測定の尺度が間隔尺度や比尺度ではないとき，分布の端で測定値が途切れているときである（市原，1990）．有孔虫や貝形虫などでは一定サイズ以上の個体しか扱わない方法がとられるが，ヒストグラムをつくったときに明らかに分布の端（サイズが小さいほう）が途切れている場合は，パラメトリック法をあきらめるか，分布の端が途切れないような小さい個体まで検討対象を広げるしかない．また，個体数や相対産出頻度などの比尺度・間隔尺度と，他の尺度（順序尺度，分類尺度）を混在して解析したい場合には，比尺度・間隔尺度を階級値などの他の尺度に変換して処置すればよい．

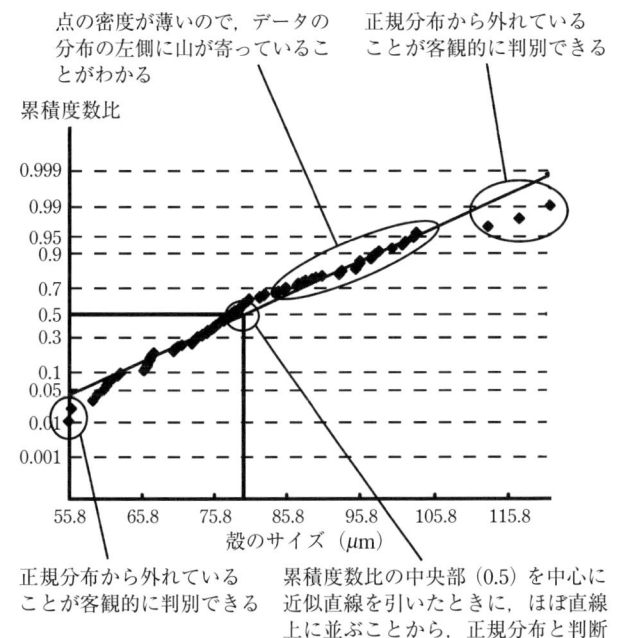

図 6.9 正規確率紙を使った外れ値などの検証例

6.5.3 頻出する間違った統計解析

統計解説書には，必ずといってよいほど統計解析の誤用に対する警告が述べられている．微古生物学関連で極めて多い誤用は，相関係数が統計の前提条件を満たしていない場合，多重性（マルチコ）問題を起こしていることである．多重性をひらたくいえば，統計的検定を繰り返していれば1つくらいは有意と出てしまう問題である．統計書（例えば永田・吉田，1997；奥田，1999）があげている多重性の問題のうち，微古生物学データでは，3群以上で平均値をt検定する「多重比較」，1組のデータに他種類の検定をかける「多種検定」，複数のデータリストに対して1つ1つ分けて比較を行う「多項目比較」，時系列データを時点ごとに比較を行う「経時比較」などが代表的な誤用例である．

6.6 多変量解析

微古生物学データは，多数のタクサの産出データと多数の試料からなり，個々の

タクソンは多数の環境要因に関連し現存量が変わる．古生物自体に着目すれば，形態情報やその時代変遷を定量的に議論することも可能である．これらの解析には，多変量解析の利用が欠かせない．多変量解析には大きく分けて，相互依存変数解析，基準変数解析，高度解析がある（例えば酒井・酒井，2007）．多変量解析を理解し利用するには，頻出する統計用語と微化石データとの対応関係を把握する，すなわちデータの尺度，目的，手持ちのデータの種類から，適切な解析手法を選択することが大切である．

多変量解析におけるデータの尺度は，基礎統計解析の呼び方と若干異なり，他の用語の使い方も書籍によって違うので注意する．間隔尺度と比尺度を合わせて定量的データ（量的データ），順序尺度と名義尺度を合わせて定性的データ（質的データ）と呼ぶ．これらのデータの組み合わせで利用可能な手法が選別される．定量的データ用の解析手法を使うため，定性的データをダミー変数と呼ぶ数値に置き換えることもある．使用する多変量解析の選別には，説明変数（独立変数），目的変数（従属変数，外的基準），潜在変数のどの組み合わせで解析しようとしているのかが重要である．

6.6.1 相互依存変数解析

この解析は，目的変数のみが存在する場合に用いる．数学的には，目的変数だけを整理して似たようなものをまとめる，目的変数の挙動をコントロールしている潜在変数を推定する，あるいは目的変数を整理して新しい指標をつくる，などが該当する．

目的変数を整理するのは，色々な意味で挙動が似ているタクサ，似たような微化石群集が産出する試料（層準），異なる地域で採取した試料で類似した微化石群集が含まれているものなどを，それぞれの中でグループ化したい場合などがあたる．タクサ間で類似したものをまとめる手法を R-mode 解析，似た微化石群集を含む試料をまとめる手法を Q-mode 解析と呼ぶ．両者は同じ産出表を利用して解析するが，統計ソフトウェアでの作業は試料-タクソンリストの行列を入れ替えるだけである．定量的データを解析する場合は，クラスター分析，主成分分析，因子分析が，定性的データの場合は，数量化Ⅲ類が利用できる．

目的変数の挙動をコントロールしている潜在変数を推定するものとして，微化石群集の変動を水温や栄養などの海況変数で解釈しようとする場合があげられる．定量的データでは因子分析，定性的データでは数量化Ⅲ類を使う．出力された潜在変数の解釈について，その潜在変数が具体的な海況変数と一対一に対応するとは限らないことに注意を要する．

指標化には主成分分析が使える．主成分分析は因子分析と似ているが，前者はデータを総合化する（要因から結果を説明する）手法，後者は潜在変数を読み出す（結果から要因を探る）手法で，要因と結果の関係が真逆となっている．主成分分析は，環境がわかっている試料の群集から環境の指標化を行うなどの目的に向いて

いる．

　相互依存変数解析での注意点は，目的変数のみがデータであるので，出力結果についての意義づけを，統計的性質を考慮しつつ，データを見ながら研究者が判断するところにある．なおクラスター分析では，目的変数の定量的データを類似度や非類似度に基づきグループ化するだけなので，基準変数解析の出力値など様々なデータセットを使ってデンドログラム（樹状図）が作成できる．

6.6.2　基準変数解析

　基準変数解析とは，目的変数と説明変数の関係を数式化する多変量解析である．ひらたくいえば，原因と結果からなるデータセットを数式化することで，予測式の提案をしたり，原因の効き具合を客観的に説明する資料をつくったりする．数学的には目的変数と説明変数があれば基準変数解析を行えるので，例えば「タクサが△△，□□，…という組み合わせからなるから，これは●●群集だ」のような研究者の判断についても多変量解析ができる．この場合，タクサを説明変数，群集名を目的変数にして解析し，●●群集の判断の正しさを客観的に示すことになる（もちろん複数の試料が必要）．

　予測式の提案とは，群集変動と水温・塩分などの海況変数が取得できている場合に，前者を結果（目的変数），後者を原因（説明変数）として多変量解析によって関係式をつくることである．その式に別の群集データを入力すれば，海況変数が取得できない試料でも変数値を出力できるようになる．地球科学分野においては，モダンアナログ法（modern analog technique：MAT）などがこの一連の手続きで行う古環境推定法である．モダンアナログ法とは，化石群集に最も類似する現生群集を，既存のデータベースなどから非類似度（通常はコード平方距離を使用する）を使って選出し，その現生群集が生息している環境（水温，塩分，水深など）を対応する化石群集が生息していた当時の環境であるとする方法である．統計ソフトウェアを使う場合，定量的データでは重回帰分析とプロビット分析が，定性的データでは数量化Ⅰ類が利用できる．このように，目的変数と説明変数の関係式を出力すると，どの説明変数（要因）が効果的に目的変数（結果）をコントロールしているかが数量化される．その数量を使えば，原因の効き具合を客観的に説明する資料となる．

　判断の正しさを客観的に示すために使える基準変数解析には，判別分析，数量化Ⅱ類，ロジスティック回帰分析などがある．これらの解析の対象となる事例としては，温暖グループや寒冷グループといったラベリング，先カンブリア時代〜中期古生代ではまだ利用価値の高い化石群集帯の設定と対比などがあげられる．これらは，群集のタクサ構成などから研究者がラベリングするが，それだけだと他者にとってはラベリングの正しさはわからない．そこで，ラベリングを定性的データの目的変数，群集のタクサ構成を説明変数として適切な基準変数解析を行うと，どのタクサがどれくらいの寄与でそのラベリングの決定に寄与しているかを抽出でき，ラ

ベリングの正しさを的中率という数値にすることができる．説明変数が定量的データの場合は判別分析とロジスティック回帰分析，定性的データの場合は数量化Ⅱ類を用いる．3つ以上のラベリングを同時に扱う場合は，数量化Ⅱ類のほか，重判別分析（または正準判別分析）や多項ロジスティック回帰分析を利用する．ただし，「判断の正しさを客観的に示す」基準変数解析は，微古生物の分類基準の正当性の立証には不向きである．これは，分類基準ではごく一部のわずかな形質（少ない説明変数）が選べることが多いのに対し，基準変数解析では多くの部分（できるだけ多くの説明変数）が違うと別物と区別する仕組み，つまり多数決の仕組みだからである．この基準変数解析は相互依存変数解析に似ているが，後者は目的変数が存在しない（ラベリングがされていない）手法であり，目的変数が存在する（ラベリングがある）前者とは異なる．

　基準変数解析の大原則は，説明変数どうしが独立であるということである．微化石データの解析で見落としがちなのが，似たような挙動を示す一群をそのまま解析にかけておかしな結果を出してしまうことである．このように相関が高い（正相関・逆相関かかわらず）説明変数があることで発生する解析上の障害を，多重共線性と呼ぶ．多重共線性を避けるため，基準変数解析にかける前に，データをながめて似たような挙動（逆相関も含む）をしているタクサがないか確認し，クラスター分析などの相互依存変数解析を行って，解析用のデータセット（説明変数）が独立変数となるように要約しておく必要がある．

　また基準変数解析のほとんどは，目的変数と説明変数の関係が線形関係（例えば重回帰分析の場合）であるなどの前提があり，モデル制約が強い．解析をした際に散布図を確認するなど，そのモデルを適用していいのかについて検証が必須である．

6.6.3　高度解析

　微古生物学データで積極的な利用が期待される高度解析手法として，共分散構造解析（covariance structure analysis）がある．これは構造方程式モデル（structural equation modeling：SEM）とも呼ばれ，原因と結果の因果関係を解析者があらかじめ設定し，そのモデルで結果を説明できているか図式化する方法である．問題設定には2種類あり，原因と結果があってその因果関係を決めるものを潜在変数として設定する場合と，結果だけがあってその原因を潜在変数として設定する場合がある．解析の数学上，他の多変量解析で分けていた目的変数と説明変数（ただし，いずれもデータとして記録できている変数）を区分せずに「観測変数」と呼ぶ．例えば，親潮，黒潮，津軽海流のそれぞれの影響を潜在変数として設定し，観測変数として微化石群集の指標タクサを指定するような場合に，共分散構造解析を適用できる．

6.7 古生物学でよく使う数値指標

微化石データの数量的解析では，統計的取り扱いだけではなく情報要約も行われる．特に，種多様性（species diversity）とその変動を数量的に記述するために数値指標を情報要約の代表値として使う．種多様性は，種の豊富さを示す種数と，少数の種が群集を独占する状態を多様性が低いとみなす均等度（evenness）あるいは均衡度（equitability）という2つの異なる要素からなる．また，この均等度にさらに他の状態（例えば現存量）を加味する全多様度（total diversity）がある．その他に，大区画の産出地を小面積の区画に分けた場合，小区画内の種多様性を α 多様性（alpha diversity），小区画内での種構成の違いを β 多様性（beta diversity），全体の種多様性を γ 多様性（gamma diversity）と呼ぶ．微古生物学ではそれぞれ，1試料内の種多様性そのもの，2試料間の種多様性の異同，全試料を合わせた種多様性，として用いられている．種多様性の計算式を巻末の付表1にまとめた．

単純多様性は単純に種数を計数するが，検討個体数と強い正の相関関係（通常は指数関係）をもつので，検討個体数をそろえるか，散布図を描いて外れ値を議論の対象にするなどして，単純に数だけを比較することがないようにしなければならない．また，環境変動でその種がいなくなったりすることもある．このような場合，どこかに生きているがその場にはいないとみなして計数し，補間種数（interpolated species）を求めることがある．補間種数と単純種数の差を見ることで，どれくらいその場所から排除された種がいるかを示すことができる．

均衡性要素による多様性について，考え方のベースには資源の配分がある．多数の種が同じ場所にいるのが普通であるが，これは限られた資源の活用上，競合関係にあるともいえる．一方，群集が数少ないタクサによって圧倒的に占められている場合，群集全体としては残りのタクサにとっては活用できる資源が乏しくなると解釈できる．ただし，大小関係が逆に算出される指標もあるので数値の読み取りには注意する．

β 多様性といわれる2試料間の多様性の異同を考える際，試料間で検討個体数や種数が違う場合がほとんどなので，工夫を凝らした指標が様々ある（巻末の付表1）．単純にタクソン数を比較する方法や，タクソンごとの個体数を加味して比較する方法，それに加えて総個体数に配慮する方法などがある．

多様性指標を計算する目的の1つには，多様性に有意な違いがあるかどうかを知りたいことがある．数値指標を統計解析なしに違いがあると解釈している論文が多数あるが，有意か否かという観点には，統計解析による検討と検定による判別が必要である．パラメトリック法で基礎統計量を求めることから作業を始めるとともに，違いの有無を知るために誤って t 検定を全試料間にかけるようなことがないように注意が必要である．

6.8 古生物データ解析ソフトウェア

　数量的解析にはコンピュータ利用が欠かせない．自分でプログラムを組んで行う方法，用意されたプログラムを修正して最適化して利用する方法，プログラムの修正はほぼ不可能だがグラフィカルユーザーインターフェース（GUI）などが充実しているソフトウェアを利用する方法などがある．統計ソフトについては，ここで紹介したすべてについて，優れた GUI をもつソフトウェアが市販され，高機能のフリーソフトも国内外にあるのでそれらを利用するのが手っ取り早い．

　古生物指標や形態解析などのプログラムもソフトウェアをインターネットで入手できる．様々なソフトウェアがあるが，微古生物学のデータ解析で使う手法のほぼ全部が搭載され，無料配布されており，絶えずバージョンアップを繰り返している PAST というソフトウェアがあるので紹介したい．PAST（paleontological statistics の略称から命名）とは Microsoft Windows の OS 上で動作する 32bit ソフトで，2012 年 5 月時点でバージョンは 2.15 であり，本体とマニュアルは http://folk.uio.no/ohammer/past/ からダウンロードが可能である．このソフトウェアには，本章で紹介した数量解析法のうち数量化 I，II，III 類以外のほとんどが搭載されているばかりか，本章では扱わなかった各手法に加え，時系列解析や数量生層序理論なども搭載されている（巻末の付表 2）．

［鈴木紀毅］

7 同位体分析・化学分析

　堆積物中に含まれる有孔虫の安定同位体比は，年代軸の決定や海洋環境の変遷を明らかにする上で欠かすことができないツールとして広く用いられている．このうち酸素同位体比（$^{18}O/^{16}O$ または $\delta^{18}O$，単位は‰（パーミル））は地球の氷床量変化や水温と連動し，また炭素同位体比（$^{13}C/^{12}C$ または $\delta^{13}C$）はグローバルな変化や生物生産性と関係するため，当時の海水の物理化学的性質を知るトレーサーとなる．しかし，海底堆積物中から抽出した有孔虫骨格の表面には，有孔虫がつくり出した炭酸塩以外に，周囲に存在する様々な物質も同時に付着している．例えば粘土鉱物粒子や，有機物や酸化物などの付着，海水や間隙水の pH の変化によって溶解した炭酸塩の再結晶，有孔虫の口孔から侵入した小型の有孔虫の破片による充填，間隙水との反応によって生成する鉱物粒子など，堆積後に起こる様々な物質の混入が有孔虫骨格の同位体比に大きな影響を及ぼす．これらを可能な限り取り除くことで，より精密な安定同位体比を得ることができる．本章では，海底堆積物から抽出した有孔虫骨格の安定同位体比測定のための前処理方法について述べる．

7.1 基本的な処理方法

　安定同位体比測定用のクリーニングは，粘土鉱物の除去，脱脂，乾燥という順で処理が行われる．

［試　薬］　エタノールまたはメタノール，脱イオン水（超純水）．

［器　具］　スライドグラス2枚，薬包紙，面相筆，マイクロチューブ（1.5 ml，透明），ビーカー（100 ml），可変ボリュームピペットまたはパスツールピペット，可変ボリュームピペット用チップ（200 µl 用），超音波洗浄器，双眼実体顕微鏡．

　（1）有孔虫骨格を洗浄したスライドグラスの上に並べ，双眼実体顕微鏡で観察しながら別のスライドグラスで弱く押さえ，殻を破砕する．チェンバー（殻室）内の炭酸塩粒子などを除去するため，チェンバーすべてが開くように破砕することが重要である．この際，破片が破壊の衝撃で飛び散らないよう，注意を払いながら作業を行う．薬包紙などで枠をつくっておき，万一飛び散っても回収できるようにしておくとよい．

　（2）有孔虫の破片は，散らばらないよう細心の注意を払い，薬包紙や面相筆を使って洗浄したポリプロピレン（PP）製のマイクロチューブやガラスバイアルなどに移動する．なるべくバイアルの底部に骨格が置かれるようにすると後の作業がや

りやすい．

(3) 可変ボリュームピペットまたはパスツールピペットを使って，あらかじめビーカーに用意した超純水（脱イオン水）をマイクロチューブに 500 μl 入れる．骨格が完全に水に浸かるようにする．

(4) マイクロチューブの蓋を堅く閉め，超音波洗浄器に弱くかける．超音波洗浄器は出力を調整できるものがあるので，なるべくそれを使うようにしたい．強い出力で行うより，弱い出力で洗浄回数を多くするほうが効果的に洗浄できる．最初は様子を見ながら 30 秒程度行い，その後チューブを横から観察する．上澄み液部分に不透明な濁りが生じているので，ピペットを用いて濁った上澄み液部分を吸い出す．この際，有孔虫の破片を吸ってしまわないように細心の注意を払う．熟練するまでは実体顕微鏡下で行うのが確実である．

(5) (3)～(4)の作業を繰り返す．少なくとも 3 回以上行い，超純水が濁らなくなるまで行う．最後に超純水を吸い出す．

(6) 可変ボリュームピペットを用いてマイクロチューブにエタノール（またはメタノール）を少量入れ，超音波洗浄を短く行う．これを 2 回繰り返す（注意：上記のアルコール類を使用する際はドラフトなど局所排気装置内で実施する）．

(7) エタノールを吸い出した後，超純水を 500 μl 入れる．殻がチューブの底に沈んだ後，超純水を吸い出す．常温で乾燥させ，測定用試料とする．

(8) 安定同位体比測定のオートサンプラー用ガラスバイアルに移動する際は，超純水をマイクロチューブに適量入れ，ピペットを使用して注意深く破片を移動させる．その後，超純水のみを吸い出し，試料を乾燥させる．

実験室での作業を行う際，実験器具への静電気の発生は大敵である．特にポリプロピレン製マイクロチューブやガラスは帯電しやすく，しばしば有孔虫試料を思いもよらぬところへはじき飛ばす．乾燥している場合は加湿器などを用いて加湿する（50～60％程度が適切）など，実験室内を適度な湿度に保つようにする．

7.2 微量元素分析のための有孔虫骨格のクリーニング

　有孔虫骨格の金属元素など，炭酸塩骨格にごく少量含まれる微量元素の分析を行う場合には，物理的クリーニング（7.1 節参照）の後に，酸化・還元試薬を用いたクリーニングを行う．一般的に炭酸塩中の微量元素は通常環境にもありふれて存在しており，実験環境からのコンタミネーション（混入）を防ぐため，これより先の作業には通常の実験室よりも化学的に清浄な環境を確保することが必須である．基本的には，クリーンルームないしは HEPA フィルターを装備したクリーンベンチを用いる（図 7.1）．ここでは，Martin and Lea (2002)，Barker et al. (2003) に基づいた，酸化試薬を用いた有機物の除去方法，還元試薬を用いた金属酸化物の除去方法について説明する．炭酸塩中の微量元素の原理やその応用については専門書を参照されたい．

7.2.1 金属酸化物の除去（還元処理）

［試　薬］　20% 高純度アンモニア水，クエン酸，ヒドラジン一水和物．

［器　具］　可変ボリュームピペット（エッペンドルフなど），テフロンビーカー（100 ml）2個，精密天秤，ホットバス（実験用ホットプレートとビーカーの組み合わせや，ヒートブロックを用いてもよい）．

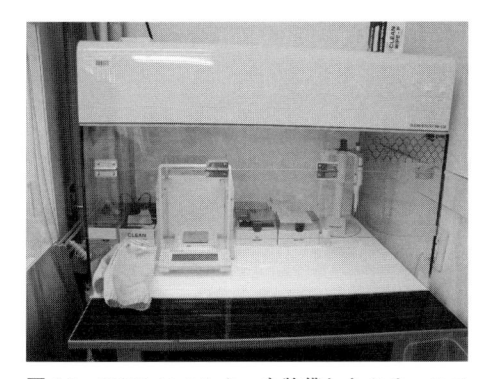

図7.1 HEPAフィルターを装備したクリーンベンチ

以下の試薬調整作業は，クリーニング直前に行う．

（1）クエン酸アンモニウム（緩衝溶液）を作成する．10 ml の 20% アンモニア水に 0.5 g のクエン酸を加え，完全に溶解するまで撹拌する．

（2）別のテフロンビーカーを用意し，20% アンモニア水を超純水で希釈して，0.25 M のアンモニア水を 10 ml つくる．これに 1.2 ml のヒドラジン一水和物を加える．ヒドラジン一水和物は可燃性をもつため，取り扱いには注意する．

（3）(1)と(2)の試薬を 1：1 で混和し還元試薬とする．

（4）還元試薬を有孔虫の殻が入ったそれぞれのマイクロチューブに 100 μl ずつ入れる．

（5）熱湯（～90℃）の中に 30 分浸け置く．蒸気圧が高いので，チューブ内圧の上昇によりマイクロチューブの蓋が開いてしまわないよう，キャップ上部に板を乗せ，インシュロックや輪ゴムなどを用いて蓋が開かないような対策を施す．2分ごとに超音波洗浄を短くかけ，試薬が有孔虫の破片にすみずみまで行き渡るようにする．有孔虫の骨格の破片の量が少ない試料については，超音波洗浄を行わずに，加熱のみ行う．

（6）還元試薬を吸い出し，超純水で 3 回以上洗い流す．

7.2.2 有機物の除去（酸化処理）

［試　薬］　高純度過酸化水素水（30% H_2O_2），高純度水酸化ナトリウム水溶液（0.1 M NaOH）．

（1）30% の過酸化水素水を，0.1 M の濃度に調整した水酸化ナトリウム水溶液で希釈し，1% の過酸化水素水とする．

（2）(1)で作成した試薬を有孔虫の殻の入ったそれぞれのマイクロチューブに 250 μl 入れ，熱湯（～90℃）に 10 分間浸け置く．試薬の蒸気圧が高いため，チューブ内圧の上昇によりマイクロチューブの蓋が開いてしまわないよう，キャップ上部に板を乗せ，インシュロックや輪ゴムなどを用いて蓋が開かないよう対策を施す．

（3）薬液が殻片の全体に行き渡るよう，2.5 分後，7.5 分後に 5 秒程度の短い超音波洗浄を行う．

（4）10 分が経過したら加温を停止し，ピペットを用いて有孔虫殻を吸い出さないよう注意して薬液のみを吸い出す．

図 7.2 クリーニングを終えた試料（有孔虫殻）

7.3 放射性炭素（^{14}C）年代測定のための有孔虫骨格クリーニング

有孔虫骨格の放射性炭素年代測定*においても，続成によって生じる炭酸塩の付着や，粘土粒子中の炭酸塩中に含まれる古い炭素が本来の値を改変するため，それらを可能な限り取り除く必要がある．洗浄には3%の過酸化水素水あるいはヘキサメタリン酸を用い超音波洗浄を行う方法が一般的である．クリーニングの方法は酸素同位体比測定用の洗浄方法に準ずる．洗浄後はイオン交換水で試薬を完全に洗い流す．この処理によって，有孔虫骨格そのものの重量が減少するため，測定に必要な量の炭酸塩量を確保するよう，細心の注意を払い慎重に作業を行う．

7.4 化学分析を行う際の注意点

有孔虫骨格の無機化学分析を行う際に，特に注意すべき点について以下に述べる．

（1）同じ種名でも大きさ，形態など特徴が異なる個体を混ぜて測定しない．

浮遊性有孔虫はその生活環で生息水深を変えることが指摘されている．有孔虫殻の大きさの違いや形態の違いは，それぞれのライフステージや生息環境の違いによる表現形を示している可能性があり，骨格に記録されている環境情報も異なる可能性がある．なるべく均等な大きさ，形態のものを用いるべきである．

（2）殻が着色している個体，チェンバー内部に不純物が充填していると思われる個体は分析対象から外す．

骨格が明らかに着色している個体は，埋没後の粘土鉱物粒子の付着や自生炭酸塩粒子の再結晶が起こっている可能性があるため，化学分析には不向きであることがある．

（3）殻が破片化している個体は分析対象から除外する．

破片化している個体は波浪や乱泥流（turbidity current）などによって物理的に他地域から運搬され，その場で堆積したものではない可能性がある．あるいは堆積後に化学的な溶解の影響を受けている可能性が否定できない．いずれの場合も分析

解説

炭素で年代をはかる

炭素の同位体のうち ^{14}C は放射性同位体であり，約5700年で存在量が半分になる（半減期）．^{14}C は自然界で一定の比率を保って存在しており，大気などからそれを取り込む生物内の比率も一定である．しかし，生物が死ぬと外部からの供給がなくなるため，^{14}C 存在比が下がっていくことになる．以上を利用したのが放射性炭素年代測定と呼ばれる方法であり，測定限界はおよそ4〜5万年程度である．

対象からは外すことが望ましい. [木元克典]

参 考 文 献

【石灰質ナンノ化石】

千代延俊・佐藤時幸・石川憲一・山崎　誠，2007．東京都中央部に掘削された温泉井の最上部新生界石灰質ナンノ化石層序．地質学雑誌，**113**，223-232.

Knap, A., Michaels, A., Close, A., Ducklow, H. and Dickson, A. (eds.), 1996, Protocols for the Joint Global Ocean Flux Study (JGOFS) Core Measurements. JGOFS Report, Nr. 19, Reprint of the IOC Manuals and Guides No. 29, UNESCO 1994.

佐藤時幸・佐藤伸明・山崎　誠・小川由梨子・金子光好，2012．石灰質ナンノ化石からみた秋田地域の新第三紀末～第四紀古環境変動．地質学雑誌，**118**，62-73.

佐藤時幸・千代延俊，2009．石灰質ナンノ化石サイズ変化からみた新生代古海洋変動．化石，(86)，34-44.

【浮遊性有孔虫化石】

Barker, S., Greaves, M. and Elderfield, H., 2003, A study of cleaning procedures used for foraminiferal Mg/Ca paleothermometry. *Geochemistry Geophysics Geosystems*, **4**, 8407. doi:10.1029/2003GC000559.

Bé, A.W. H., 1977, An ecological, zoogeographic and taxonomic review of recent planktic foraminifera. *In* Ramsay, A.T.S. (ed.), Oceanic Micropalaeontology, Volume 1, Academic Press, London, pp.1-100.

Hemleben, C., Spindler, M. and Anderson, O. R., 1989, Modern Planktonic Foraminifera. Springer, New York.

板木拓也，1998．堆積物試料の乾燥による放散虫殻の破損について．化石，(65)，1-9.

Kimoto, K., Xu, X., Ahagon, N., Nishizawa, H. and Nakamura, Y., 2003, Culturing protocol and maintenance for living calcareous plankton: Preliminary results of the culturing experiment. *JAMSTECR*, (48), 155-164.

Martin, P. A. and Lea, D. W., 2002, A simple evaluation of cleaning procedures on fossil benthic foraminiferal Mg/Ca. *Geochemistry Geophysics Geosystems*, **3**, 8401. doi:10.1029/2001GC000280

松岡　篤，2002．現生放散虫研究の手法と研究機器．化石，(71)，19-27.

尾田太良，1978．光学顕微鏡による方法．高柳洋吉編，微化石研究マニュアル，朝倉書店，pp.86-100.

尾田太良・堂満華子，2009．*Neogloboquadrina pachyderma* と *Neogloboquadrina incompta* の古海洋学的意義．化石，(86)，6-11.

Saito T., 1976, Geologic significance of coiling direction in the planktonic foraminifera *Pulleniatina*. *Geology*, **4**, 305-309.

斎藤常正，1997．有孔虫目．千原光雄・村野正昭編，日本産海洋プランクトン図説，東海大学出版会，pp.373-396.

柴　正博・根本直樹，2000，有孔虫類．化石研究会編，化石の研究法―採集から最新の解析法まで―，共立出版，pp.63-67．

高柳洋吉，1969，有孔虫．浅野　清編，微古生物学　上巻，朝倉書店，pp.34-200．

【珪　藻】

Akiba, F., 1986, Middle Miocene to Quaternary diatom biostratigraphy in the Nankai Trough and Japan Trench, and modified Lower Miocene through Quaternary diatom zones from middle-to-high latitudes of the North Pacific. *Initial Reports of the Deep Sea Drilling Project*, **87**, 394-480.

Kanaya, T., 1959, Miocene diatom assemblages from the Onnagawa Formation and their distribution in the correlative formations in northeast Japan. *The science reports of the Tohoku University, Second series, Geology*, **30**, 1-130.

小泉　格・谷村好洋，1978，珪藻・珪質鞭毛藻．高柳洋吉編，微化石研究マニュアル，朝倉書店，pp.70-75．

Suto, I., 2006, The explosive diversification of the diatom genus *Chaetoceros* across the Eocene/Oligocene and Oligocene/Miocene boundaries in the Norwegian Sea. *Marine Micropaleontology*, **58**, 259-269.

津村孝平，1978，微化石の既製混種プレパラートへの個体指示標識のつけ方の一方法．地学研究，**29**，99-103．

柳沢幸夫，2000，珪藻類．化石研究会編，化石の研究法―採集から解析法まで―，共立出版，pp.45-50．

【放散虫】

Faegri, K. and Ottetad, P., 1948, Statistical problems in pollen analysis. *Årbok for Universitetet i Bergen, Naturvitenskapelig Rekke*, (3), 1-29.

市原清志，1990，バイオサイエンスの統計学―正しく活用するための実践理論．南江堂．

丸茂隆三編，1974，海洋学講座10　海洋プランクトン．東京大学出版会．

永田　靖・吉田道弘，1997，統計的多重比較法の基礎．サイエンティスト社．

日本電子顕微鏡学会関東支部編，2000，走査電子顕微鏡．共立出版．

奥田千恵子，1999，医薬研究者のためのケース別統計手法の学び方．金芳堂．

酒井　隆・酒井恵都子，2007，実務入門　マーケティングで使う多変量解析がわかる本．日本能率協会マネジメントセンター．

鈴木紀毅・木田真太郎，2004，相対産出頻度から推定母集団値を得る方法と必要な観察個体数について．大阪微化石研究会誌，特別号，(13)，221-227．

塚田松雄，1974，生態学講座27a　古生態学Ⅰ―基礎論―．共立出版．

生形貴男，2005，現代形態測定学：化石，人骨，石器等の形の定量・比較ツール．第四紀研究，**44**，297．

【貝形虫】

浅野　清編，1976，微古生物学　下巻．朝倉書店．

Holmes, J. A. and Chivas, A. R. (eds.), 2002, The Ostracoda Applications in Quaternary Research. American Geophysical Union, Washington, D.C.

付録

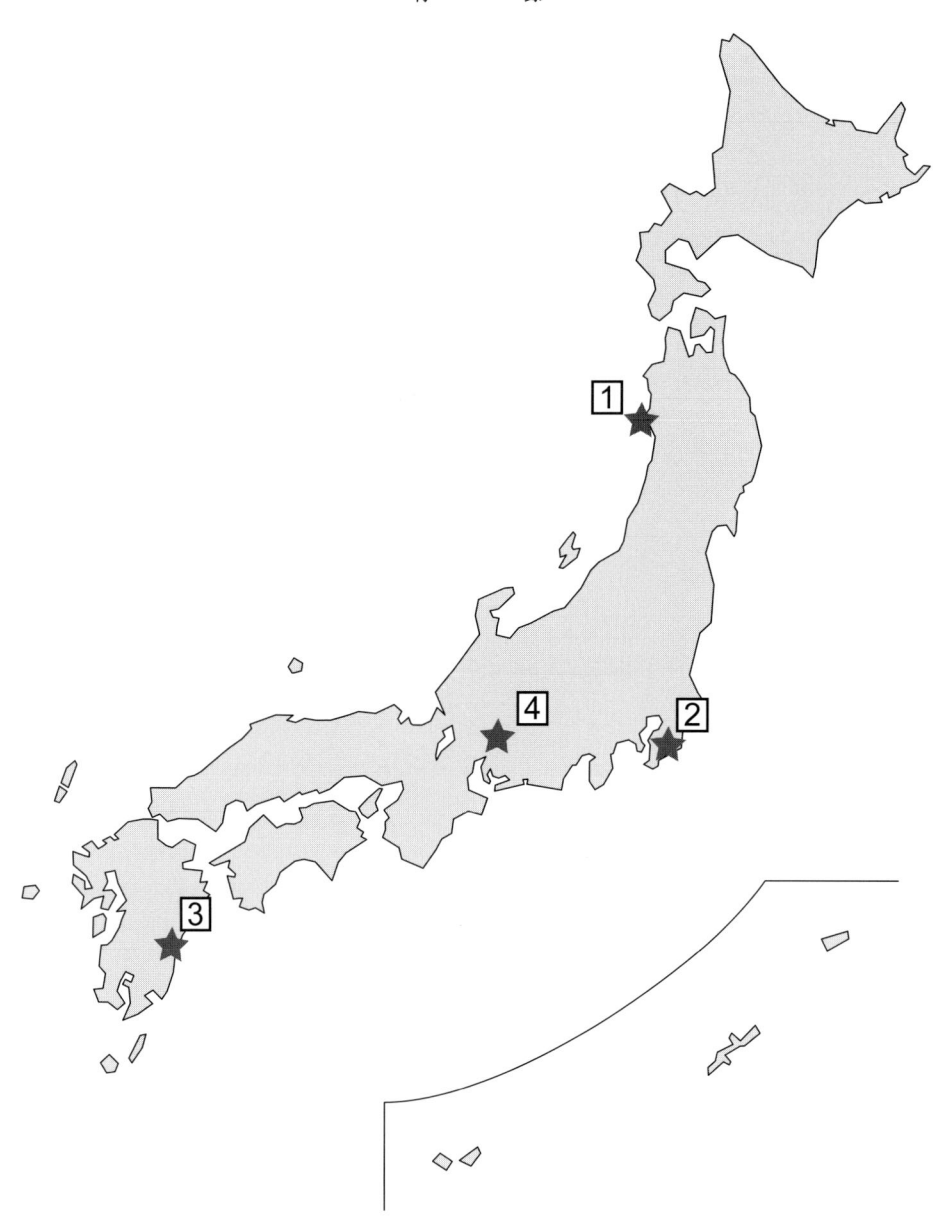

1：秋田県男鹿市
　・石灰質ナンノ化石

2：千葉県市原市〜大多喜町
　・石灰質ナンノ化石
　・有孔虫化石

3：宮崎県宮崎市〜高鍋町
　・石灰質ナンノ化石
　・有孔虫化石

4：愛知県犬山市
　・放散虫

付録　代表的な微化石産出地点

1 男鹿半島北浦地域/大菅生沢地域
相川ルート・小増川ルート・大菅生沢ルート

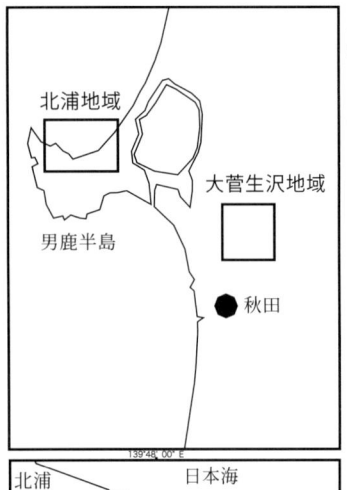

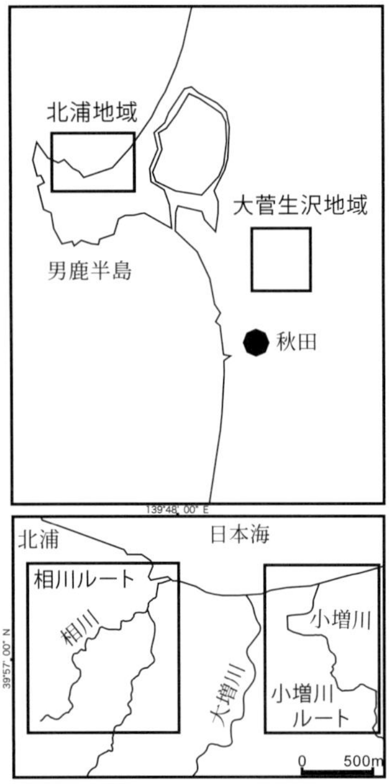

　各ルートから石灰質ナンノ化石の報告がある．大菅生沢ルートでは，天徳寺層/笹岡層境界に2.75 Maを示すDatumAが認められる．北浦地域では，更新世の示準化石である*Gephyrocapsa caribbeanica*, *Gephyrocapsa oceanica*が産出する．

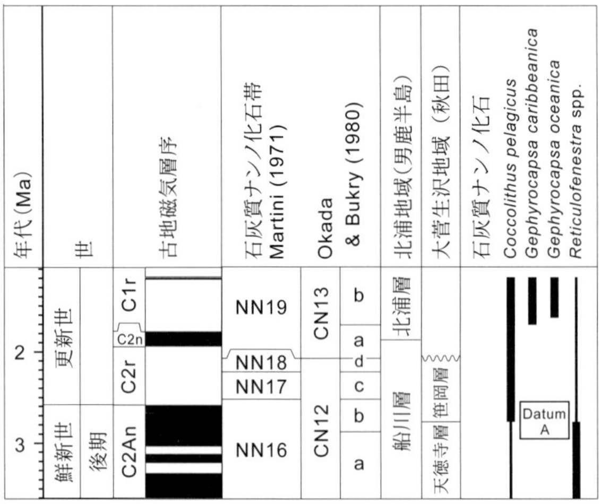

2 千葉県市原市〜大多喜町一帯
養老川ルート・夷隅川ルート

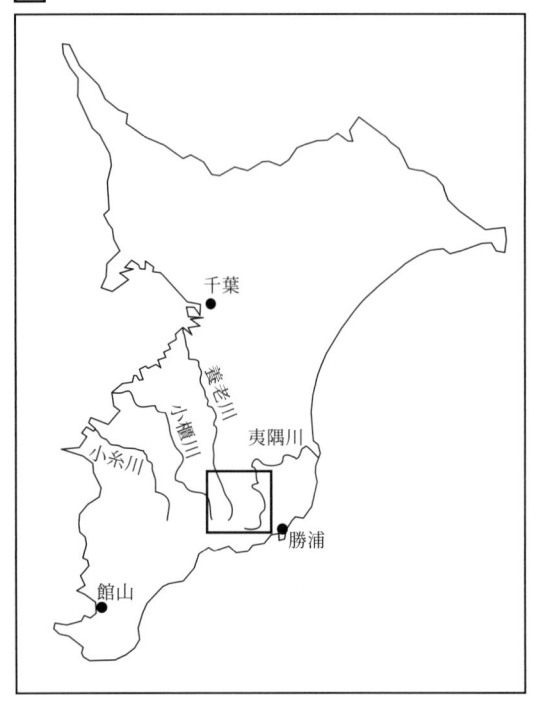

　各ルートから，石灰質ナンノ化石，浮遊性有孔虫化石，底生有孔虫化石の報告がある．養老川ルートおよび夷隅川ルートではC2n（オルドバイ正磁極亜期）を挟んだ地層が認められ，日本の代表的な更新統である上総層群が観察できる．

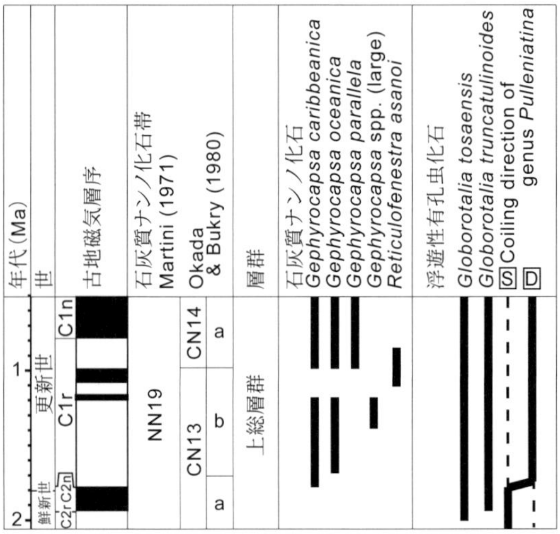

付　録

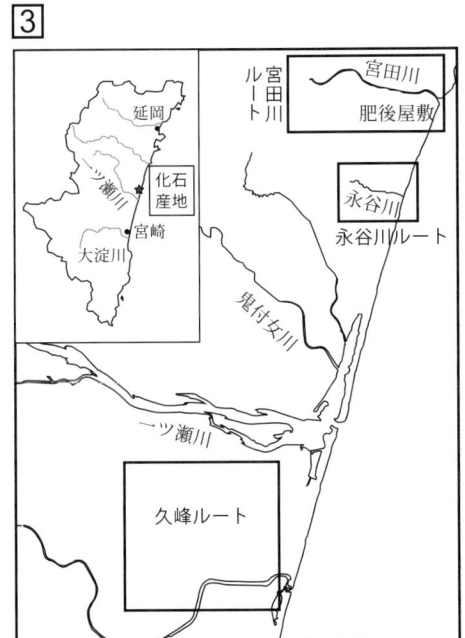

③ 宮崎県宮崎市～児湯郡高鍋町
宮田川ルート・永谷川ルート・久峰ルート

　各ルートから石灰質ナノ化石，浮遊性有孔虫化石，底生有孔虫化石，貝形虫化石の報告がある．永谷川ルートでは，鮮新世/更新世境界が指摘されている．宮崎層群および日向灘層群に産出する石灰質ナノ化石と浮遊性有孔虫化石を用いた層序表は，下記の通りである．

年代(Ma)	世		古地磁気層序	石灰質ナノ化石帯 Martini (1971)	Okada & Bukry (1980)	層群	地層	石灰質ナノ化石 *Discoaster brouweri*	*Gephyrocapsa caribbeanica*	*Reticulofenestra minutula* var. B	*Reticulofenestra pseudoumbilicus*	*Sphenolithus abies*	浮遊性有孔虫化石 *Globorotalia truncatulinoides*	*Globoconella inflata*	*Dentoglobigerina altispira*	*Sphaeroidinellopsis seminulina*	*Globorotalia margaritae*	*Globorotalia crassaformis*	Coiling direction of genus *Pulleniatina*
2	更新世		C1r/C2r	NN19 / NN18 / NN17	CN13 b/a / c	日向灘層群	肥後屋敷層 / 久峰層												
3	鮮新世	後期	C2An/C2Ar	NN16	CN12 b/a	宮崎層群	高鍋層 / 佐土原層												
4		前期	C3n	NN14-15 / NN13	CN11 a-d / CN10 c		妻層												

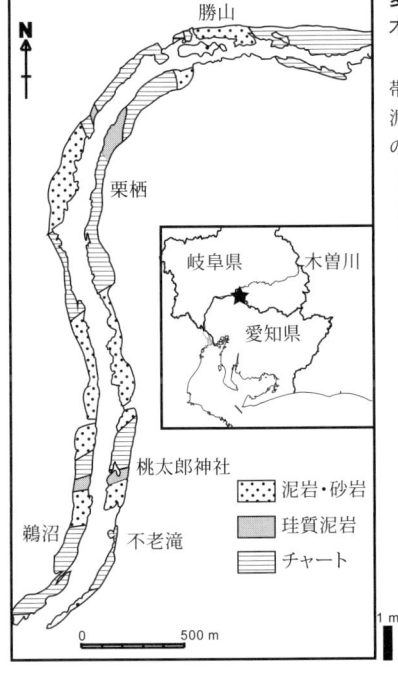

④ 愛知県犬山市・岐阜県各務原市の市境界
木曽川・犬山ルート

　各岩相から放散虫化石の報告があり，下部三畳系～中部ジュラ系の放散虫化石帯がつくられている．放散虫を取り出すには主にフッ化水素酸法を用いるが，珪質泥岩に含まれる黒い塊状の炭酸マンガンノジュールに塩酸法を用いることで，保存のよいものが大量に見つかることがある．

岩相	地質系統		主要な放散虫化石
泥岩	ジュラ系	中部	*Striatojaponocapsa conexa*, *Guexella nudata*
珪質泥岩			*Striatojaponocapsa plicarum*, *Unuma echinatus*
			Laxtorum? jurassicum, *Hsuum hisuikyoense*
		下部	*Trillus elkhornensis*
			Eucyrtidiellum gunensis
			Parahsuum simplum, *Katroma kurusuensis*
			Bipedis horiae
チャート	三畳系	上部 レーティアン	*Haeckelicyrtium breviora*
		ノーリアン	*Praemesosaturnalis pseudokahleri*
			Praemesosaturnalis multidentatus
			Lysemelas oblia
			Capnodoce spp., *Trialatus* spp., *Trialatus robustus*
		カーニアン	*Capnuchosphaera* spp., *Poulpus carcharus*
		中部 ラディニアン	*Muelleritortis cochleata*, *Spongoserrula dehli*
			Yeharia elegans
		アニシアン	*Eptingium nakasekoi*, *Triassocampe coronata*, *Triassocampe deweveri*
粘土岩		下部 オレネキアン	*Parentactinia nakatsugawaensis*

凡例：泥岩・砂岩，珪質泥岩，チャート

付表1　多様性の計算式（Harper, 1999；Hammer, 2010）

均衡性要素に基づく多様性指標（α多様性）

平均多様度	相対多様度	全多様度
・Simpson の多様度指標 $$SID = \sum_i \left(\frac{N}{n_i}\right)^2$$	・Pielou の均衡性指数 $$J' = -\sum_i p_i \log_s p_i$$	・森下の繁栄指数 $$N\beta = \frac{N^2(N-1)}{\sum_i n_i(n_i-1)}$$
・森下の β 指数 $$\beta = \frac{N(N-1)}{\sum_i n_i(n_i-1)}$$	・Sheldon の均衡性指数 （Buzas と Gibson の均衡性指数） $$E = \frac{e^{H'}}{S}$$	・情報エントロピー $$I = \ln \frac{N!}{n_1! n_2! \cdots n_S!}, \quad N = \sum_{i=1}^S n_i$$
・Shannon 指数 $$H' \cong -\sum p_i \ln p_i$$	N：検討個体数の総数 n_i：i 番目のタクソンの個体数 p_i：i 番目のタクソンの相対産出頻度 S_n または S：総種数	
・Corbert の調和指数 $$c = nS_n$$		

2試料間の多様性の比較（β多様性）

共通種数に着目する指標	重複度（個体数による重みづけをした共通種数）に着目する指標
・Sorensen の類似度指数 $$QS = \frac{2c}{a+b}$$	・森下の C_λ 指数 $$C_\lambda = \frac{2\sum_{i=1}^S n_{1i} n_{2i}}{(\lambda_1 + \lambda_2) N_1 N_2} \quad (0 \leq C_\lambda \leq 1)$$ $$\lambda_1 = \frac{\sum_{i=1}^S n_{1i}(n_{1i}-1)}{N_1(N_1-1)} \quad \lambda_2 = \frac{\sum_{i=1}^S n_{2i}(n_{2i}-1)}{N_2(N_2-1)}$$
・Jaccard の共通係数 $$CC = \frac{c}{a+b-c}$$	・木元の C_π 指数 $$C_\pi = \frac{2\sum_{i=1}^S n_{1i} \cdot n_{2i}}{(\sum \pi_1^2 + \sum \pi_2^2) N_1 \cdot N_2} \quad (0 \leq C_\pi \leq 1)$$
・正宗の相関率 $$PA = \frac{1}{2}\left(\frac{c}{a} + \frac{c}{b}\right)$$	$$\sum \pi_1^2 = \frac{\sum_{i=1}^S n_1^2}{N_1^2} \quad \sum \pi_2^2 = \frac{\sum_{i=1}^S n_2^2}{N_2^2}$$
・野村・Simpson 指数 $$NSB = \frac{c}{b}$$	
a, b：それぞれの試料中の種数 c：2試料間の共通種数	N_1, N_2：それぞれの試料中の検討個体数 n_{1i}, n_{2i}：それぞれの試料中における i 番目の種の個体数

情報量関数を基礎におく重複度の指標

・Routledge の β 多様度尺

$$H'_\beta = -\sum_i \left(\frac{n_{1i}+n_{2i}}{N_1+N_2}\right) \ln\left(\frac{n_{1i}+n_{2i}}{N_1+N_2}\right) + \sum_i \left(\frac{n_{1i}}{N_1}\right) \ln\left(\frac{n_{1i}}{N_{1i}}\right) \cdot \left(\frac{N_1}{N_1+N_2}\right) + \sum_i \left(\frac{n_{2i}}{N_2}\right) \ln\left(\frac{n_{2i}}{N_{2i}}\right) \cdot \left(\frac{N_2}{N_1+N_2}\right)$$

・Horn の情報量重複度

$$R_0 = \frac{\sum_{i=1}^S (n_{1i}+n_{2i}) \ln(n_{1i}+n_{2i}) - \sum_{i=1}^S n_{1i} \ln n_{1i} - \sum_{i=1}^S n_{2i} \ln n_{2i}}{(N_1+N_2) \ln(N_1+N_2) - N_1 \ln N_1 - N_2 \ln N_2}$$

・MacArthur の差異指数

$$MD \approx \exp\left[\ln 2 - 0.3(\pm 0.04)\left(\frac{N_1}{S_1} + \frac{N_2}{S_2}\right)\right]$$

N_1, N_2：それぞれの試料中の検討個体数
n_{1i}, n_{2i}：それぞれの試料中における i 番目の種の個体数
S_1, S_2：それぞれの試料中の総種数

付表2 古生物学のデータ解析ソフト「PAST」に搭載されている解析手法の一覧

大項目	中項目		概要	機能
散布図メニュー			x-y 散布図（エラーバー推定可）	エラーバー，回帰曲線
			統計関連グラフ	ヒストグラム，ボックス図，百分率累積グラフ
			特殊グラフ	三角図，生存曲線
			古生物プロット	ランドマーク（二次元），ランドマーク（三次元）
			三次元グラフ	バブルプロットによる類似三次元グラフ，濃度表現による類似三次元グラフ，地表面式 x-y-z グラフ
統計メニュー	単変量解析		基礎統計量（パラメトリック）	総数，最小値，最大値，総和，相加平均，標準偏差，分散，標準誤差，尖度，歪度，幾何平均
			基礎統計量（ノンパラメトリック）	中央値，四分位数25%点，四分位数75%点
	類似度・類似距離	α 多様性関連		Simpson 指数，森下の β 指数ほか
		β 多様性関連		Dice 指数（＝Sorensen 指数），Jaccard 係数，Kulczynski 指数，落合指数，Horn の重複度指数ほか
		その他の類似距離指数		Gower，Euclidean，大円上距離（Geographical），Pearson の積率相関係数，Spearman の ρ 係数ほか
		相関		Pearson の積率相関，共分散
	検定		対応のない2標本	F 検定，t 検定，それぞれの試料の検討数，相加平均，信頼係数 0.95 の場合の信頼区間，分散
			1標本	t 検定，検討数，相加平均，信頼係数 0.95 の場合の信頼区間，分散
			対応のある2標本	t 検定，Sign 検定，Wilcoxon 検定，それぞれの試料の検討数，相加平均，中央値
			正規性（1試料）	検討数，Shapiro-Wilk の正規性検定，Jarque-Bera 検定，カイ二乗検定
			その他の検定	Mann-Whitney 検定，Kolmogorov-Smirnov 検定，Spearman 検定，Kendall 検定，Kruskal-Wallis 検定
	その他の統計手法		その他の統計手法	一次元分散分析，二次元分散分析，一次元 ANCOVA，生存解析（Kaplan-Meier 曲線ほか）
			その他	CV 係数，分割表，オッズ比，リスク係数
多変量メニュー			相互依存解析	主成分分析，多次元尺度構成法（MDS），因子分析，クラスター分析（階層的方法，非階層的方法）
			基準変数解析	コレスポンデンス分析，2ブロック PLS 法（回帰分析の1種），判別分析
			高度解析	多変量分散分析（MANOVA），類似度行列分析（ANOSIM），ノンパラメトリック多変量分散分析（NPMANOVA/PERMANOVA）ほか
			その他	類似サンプル自動配列（Seriation），多変量正規分布（Multivariate normality），ホテリング統計量（対応あり，なし）
			古生物特有	モダンアナログ（MAT）
数量モデル			回帰曲線	一次式，多項式，正弦曲線，ロジスティック，平滑化スプライン，重み付き局所回帰法（LOESS 法）
			古生物	Abundance models，種の詰め込みモデル（Species packing）
多様性メニュー			多様性指標	総種数，Simpson 係数，Shannon 指数，Buzas & Gibson 均衡度，Menhinick の豊かさ指標，Margalef の豊かさ指標，Shannon 均衡度，Fisher の α 指数，Berger-Parker の多産度
			コドラート指標	Chao 2，Jackknife，Bootstrap
			β 多様性	Whittaker，Harrison，Cody，Routledge，Wilson-Shmida，Mourelle，Harrison 2，Williams の各指標
			分類関係	Taxonomic distinctness，個体希薄効果（Individual rarefaction），Mao のタウ（試料希薄効果）
			その他の古生物	SHE 分析，多様性比較，多様性用 t 検定，多様性プロファイル
時系列解析				スペクトル解析，REDFIT スペクトル解析，自己相関，相互相関，自己想起モデル，ウェーブレット変換，Walsh 変換，連検定（Runs test），Mantel correlogram，自己回帰移動平均モデル（ARMA analysis），太陽活動モデル（Insolation model/Solar forcing model），Markov 連結，バンドパスフィルター
幾何的解析				ローズダイアグラムの解析，角度差の検定（Watson-Williams 検定），方向系列相関（Circular correlations），球座標上の解析，Ripley の K 点パターン分析，近隣点パターン分析，Kernel 密度，位置配列比較（Point alignments），Gridding，二次元フーリエ，楕円フーリエ，固有形状分析（Eigenshape analysis），ランドマーク関係の解析各種
層序解析			数量的生層序理論	Unitary Associations（UA 法），RASC & CASC 法，CONOP 法，Appearance Event Ordination 法
			その他	Range confidence intervals，Distribution-free range confidence intervals

付表3 主な微化石の産出年代表

年代(Ma)	世	期	クロン	極性	Martini(1971)による石灰質ナンノ化石帯区分	Okada & Bukry(1980)による石灰質ナンノ化石帯区分	石灰質ナンノ化石	浮遊性有孔虫
0–1	更新世		C1n		NN21	CN15	FO *Emiliania huxleyi* 0.265Ma LO *Pseudoemiliania lacunosa* 0.451Ma	FO *Globigerinoides ruber rosa*
					NN20	CN14 b	LO *Reticulofenestra asanoi* 0.853Ma LO *Gephyrocapsa parallela* (≥4.0 μm) 0.987Ma	LO *Truncorotalia (Globolotaria) tosaensis* FO *Truncorotalia crassaformis hessi*
1–2			C1r		NN19	CN13 a,b	LO *Reticulofenestra asanoi* 1.128Ma FO *Gephyrocapsa* spp. (≥6.0 μm) 1.182Ma LO *Helicosphaera sellii* 1.219Ma LO *Gephyrocapsa* spp. (≥6.0 μm) 1.392Ma FO *Gephyrocapsa oceanica* (≥4.0 μm) 1.706Ma	LO *Globoturborotalit obliquus* SD2 *Pulleniatina* spp. LO *Neogloboquadrina asanoi* LO *Truncorotalia truncatulinoides*
2–3		後期	C2n ジャラミロ		NN18	CN12 d	LO *Discoaster brouweri* 1.990Ma LO *Discoaster pentaradiatus* 2.512Ma	FO *Pulleniatina finalis* FO 現生型 *Globoconella inflata*
			C2r		NN17	CN12 c	LO *Discoaster surculus* 2.52Ma	
3–4	鮮新世		C2An		NN16	CN12 b	LO *Discoaster tamalis* 2.87Ma LO *Reticulofenestra ampla*	FO *Truncorotalia tosaensis* LO *Dentoglobigerina altispira* LO *Sphaeroidinellopsis seminulina*
4		前期	C2Ar ケナ		NN14–15	CN11 a,b	LO *Sphenolithus abies* 3.65Ma LO *Reticulofenestra pseudoumbilicus* 3.79Ma FO *Discoaster tamalis, Pseudoemiliania lacunosa* 4.00Ma FO *Discoaster asymmetricus* 4.13Ma	LO *Hirsutella margaritae* SD1 *Pulleniatina* spp. FO *Truncorotalia crassaformis* LO *Globoturborotalita nepenthes*
5			C3n		NN13	CN10 c		
					NN12	CN10 b	FO *Ceratolithus rugosus* 5.12Ma FO *Ceratolithus acutus* 5.32Ma	
5–6			C3r			CN10 a	LO *Discoaster quinqueramus, Discoaster berggrenii* 5.59Ma	FO *Globorotalia tumida*
6–7		メッシニアン	C3An			CN9 b		FO *Globigerinoides conglobatus* FO *Pulleniatina primalis*
7			C3Ar		NN11		小型 *Reticulofenestra* の産出上限 7.167Ma FO *Amaurolithus* spp. 7.424Ma	
8	中新世	後期	C4n–C4r			CN9 a		
8–9		トートニアン	C4An–C4Ar			CN8	FO *Discoaster berggrenii* 8.52Ma 小型 *Reticulofenestra* の産出下限 8.761Ma	FO *Globorotalia plesiotumida* LO *Globoquadrina dehiscens*
9					NN10		LO *Discoaster hamatus* 9.560Ma	
10			C5n		NN9	CN7	LO *Catinaster calyculus & C. coalithus* 9.674Ma	
10–11					NN8	CN6	FO *Discoaster hamatus* 10.541Ma LO *Coccolithus miopelagicus* 10.613Ma FO *Catinaster calyculus & C. coalithus* 10.785Ma	FCO *Neogloboquadrina acostaensis*
11–12		サーラバリアン	C5r		NN7	CN5 b	FO *Discoaster kugleri* 11.905Ma LO *Coronocyclus nitescens* 12.254Ma FO *Triquetrorhabdulus rugosus* 12.671Ma	LO *Globigerinoides subquadratus* FO *Globoturborotalita nepenthes* LO *Paragloborotalia mayeri* FO *Fohsella lobata* FO *Fohsella paraefohsi*
13			C5An–C5Ar		NN6	CN5 a	LO *Cyclicargolithus floridanus* 13.294Ma LO *Sphenolithus heteromorphus* 13.654Ma	
14		中期	C5AA–C5AD		NN5	CN4		FO *Fohsella peripheroacuta* LO *Praeorbulina sicana* FO *Orbulina universa*
15		ランギアン	C5B				LO *Helicosphaera ampliaperta* 14.914Ma	
16					NN4	CN3	FO *Discoaster signus* 15.702Ma	
17			C5C					FO *Praeorbulina sicana*
17–18		バーディガリアン	C5D				FCO *Sphenolithus heteromorphus* 17.721Ma LCO *Sphenolithus belemnos* 17.973Ma	LO *Catapsydrax dissimilis* FO *Globigerinatella insueta*
18			C5E		NN3	CN2	LO *Triquetrorhabdulus carinatus* 18.315Ma	
19		前期	C6				FO *Sphenolithus belemnos* 18.921Ma	
20–21			C6A		NN2			
21						CN1		LO *Paragloborotalia kugleri*
22		アキタニアン	C6AA–C6B				FCO *Helicosphaera carteri* 21.985Ma LCO *Triquetrorhabdulus carinatus* 22.092Ma	
23							FO *Sphenolithus disbelemnos* 22.413Ma FO *Discoaster druggii* 22.824Ma LO *Spenolithus delphix* 23.089Ma FO *Sphenolithus delphix* 23.356Ma	FO *Paragloborotalia kugleri*
24	古第三紀		C6C		NN1			
			C7		NP25	CP19	LO *Sphenolithus ciperoensis* 24.389Ma	

極性は，黒が現在と同じ，白が逆転．
FO (first occurrence)：最初の産出，LO (last occurrence)：最後の産出，FCO (first common occurrence)：最初の多産出，
LCO (last common occurrence)：最後の多産出，SD：室の巻き方向が左 (S) から右 (D) に変化．

索 引

欧 文

CTD　9
IODP　16, 28, 61
NORPAC　9
ODP　16
pH 安定剤　9
SEM　31, 51, 65
TEM　51

あ 行

アクロマートレンズ　45
アナライザー　46
アポクロマートレンズ　45

一次電子　51, 53
イマージョンオイル　45

円石藻　30, 59

か 行

蓋殻　69
貝形虫　2, 18, 20, 61
殻帯片　69
仮足　14
カッティングス　17
カバーグラス　27, 31, 34, 38, 48, 70
ガラスバイアル　95
ガリレオ式　50
干渉フィルター　49

疑似像　52
北太平洋標準ネット　9
休眠胞子　70
凝灰質岩　4, 35

クチクラ　62
グラビティコアラー　6

グリノー式　50

珪質泥岩　4, 35
珪藻　4, 15, 18, 37, 68
形態収斂　68
現生試料　9, 35
現存量　80, 93

コア　16, 21
高圧水銀ランプ　49
口孔　57
口孔唇　57
光軸調整　46
高次分類　65, 66
コッコリス　58
コッコリトフォリード　58
コンタミネーション　9, 52, 96
コンデンサーレンズ　45

さ 行

臍側面　56
サイドウォールコア　18
酸素同位体比　95
サンプルリクエスト　17

紫外線照射ボックス　28, 31
歯槽　62
室（殻室，チェンバー）　14, 56, 95
歯板　57
種　1, 4, 23, 33, 56, 57, 59, 62, 68, 93
種多様性　93
種内変異　68
蒸着　31, 52
焦点深度　47, 51

ステージ　45, 48
スパイン　13
スミアスライド　27, 38
スライドグラス　28, 31, 33, 34, 42, 46, 71, 95

生細胞　35
生産量　15, 61, 80
生体試料　13
石油坑井　17
石灰質ナンノ化石　2, 18, 27, 44, 58
石灰質ナンノプランクトン　15, 30, 58
接眼レンズ　45

双眼実体顕微鏡　25, 50, 58, 65, 73, 74, 95
走査型電子顕微鏡　31, 51, 65
相対産出頻度　79, 82, 85
増大胞子　70
属　56, 57, 61, 62, 65, 68
存在量　80

た 行

ダイクロイックミラー　49
タクサ（タクソン）　79, 83, 93
端側面　56
炭素同位体比　95

地表資料　1

チャージアップ　52
チャート　4, 35
超音波洗浄機　28

泥岩　3, 4, 35
ディスポーザブルピペット　13

透過型生物顕微鏡　44
透過型電子顕微鏡　51
凍結乾燥　21, 32
トラガカント　25, 34, 43

な 行

ナフサ　23

ニスキン採水器　15

ノジュール　4, 35

は　行

歯　62
パスツールピペット　13, 95
半被殻　68

被殻　68
微小孔　62
ピストンコアラー　5
表層堆積物試料　8, 20
表面装飾　62, 68
ピロリン酸ナトリウム　42

フッ化水素酸　35
プランクトンネット　9
分割器　24, 33
分子系統解析　35

放散虫　4, 9, 32, 65
ポラライザー　46
ホールピペット　29
ホルマリン　8, 14, 20
ボロン　35

ま　行

マイクロチューブ　95
マイクロピペット　29
マイクロメーター　48, 61
マウントメディア　38
巻き方向　56
マルチプルコアラー　7

未固結堆積物　20, 32

面相筆　25, 58, 95
メンブレンフィルター　13, 42

目　62, 66

や　行

有機物染色処理　14
有孔虫　2, 9, 18, 20, 56, 95
油浸対物レンズ　45, 47

ら　行

落射蛍光顕微鏡　49
落射照明装置　50
らせん側面　56
ランプの芯だし　46

硫酸ナトリウム　22

励起フィルター　49

濾過海水　11, 13, 30
ローズベンガル　9, 14, 37

編集者略歴

尾田太良（おだ もとよし）
1946年　奈良県に生まれる
1971年　東北大学大学院理学
　　　　研究科修士課程修了
現　在　東北大学名誉教授
　　　　理学博士

佐藤時幸（さとう ときゆき）
1953年　秋田県に生まれる
1977年　秋田大学鉱山学部卒業
現　在　秋田大学大学院工学資源学
　　　　研究科教授
　　　　理学博士

新版 微化石研究マニュアル　　　　定価はカバーに表示

2013年8月1日　初版第1刷
2013年11月20日　　第2刷

編集者　尾 田 太 良
　　　　佐 藤 時 幸
発行者　朝 倉 邦 造
発行所　株式会社 朝倉書店
　　　　東京都新宿区新小川町 6-29
　　　　郵便番号　162-8707
　　　　電話　03(3260)0141
　　　　FAX　03(3260)0180
　　　　http://www.asakura.co.jp

〈検印省略〉

© 2013 〈無断複写・転載を禁ず〉　　シナノ印刷・渡辺製本

ISBN 978-4-254-16275-2　C 3044　　Printed in Japan

JCOPY 〈(社)出版者著作権管理機構 委託出版物〉

本書の無断複写は著作権法上での例外を除き禁じられています．複写される場合は，そのつど事前に，(社)出版者著作権管理機構（電話 03-3513-6969, FAX 03-3513-6979, e-mail: info@jcopy.or.jp）の許諾を得てください．

H.A.アームストロング・M.D.ブレイジャー著
元静岡大 池谷仙之・前京大 鎮西清高訳

微 化 石 の 科 学

16257-8 C3044　　　B 5 判 288頁 本体9500円

Microfossils(2nd ed, 2005)の翻訳。〔内容〕微古生物学の利用／生物圏の出現／アクリターク／渦鞭毛藻／キチノゾア／スコレコドント／花粉・胞子／石灰質ナノプランクトン／有孔虫／放散虫／珪藻／珪質鞭毛藻／介形虫／有毛虫／コノドント

P.セルデン・J.ナッズ著　前京大 鎮西清高訳

世 界 の 化 石 遺 産
―化石生態系の進化―

16261-5 C3044　　　A 4 変判 160頁 本体4900円

化石産地を時代順にたどって生態系と進化を復元。〔内容〕エディアカラ／バージェス頁岩／ライニーチャート／メゾンクリーク／ホルツマーデン頁岩／モリソン層／ゾルンホーフェン石灰岩／バルトのコハク／ランチョ・ラ・ブレア／他

D.パーマー著　小畠郁生監訳　加藤 珪訳

化 石 革 命
―世界を変えた発見の物語―

16250-9 C3044　　　A 5 判 232頁 本体3600円

化石の発見・研究が自然観や生命観に与えた「革命」的な影響を8つのテーマに沿って記述。〔内容〕初期の発見／絶滅した怪物／アダム以前の人間／地質学の成立／鳥から恐竜へ／地球と生命の誕生／バージェス頁岩と哺乳類／DNAの復元

C.ミルソム・S.リグビー著
小畠郁生監訳　舟木嘉浩・舟木秋子訳

ひとめでわかる 化石のみかた

16251-6 C3044　　　B 5 判 164頁 本体4600円

古生物学の研究上重要な分類群をとりあげ、その特徴を解説した教科書。〔内容〕化石の分類と進化／海綿／サンゴ／コケムシ／腕足動物／棘皮動物／三葉虫／軟体動物／筆石／脊椎動物／陸上植物／微化石／生痕化石／先カンブリア代／顕生代

D.E.G.ブリッグス他著　大野照文監訳
鈴木寿志・瀬戸口美恵子・山口啓子訳

バージェス頁岩 化石図譜

16245-5 C3044　　　A 5 判 248頁 本体5400円

カンブリア紀の生物大爆発を示す多種多様な化石のうち主要な約85の写真に復元図をつけて簡潔に解説した好評の"The Fossils of the Burgess Shale"の翻訳。わかりやすい入門書として、また化石の写真集としても楽しめる。研究史付

侯 先光他著　大野照文監訳
鈴木寿志・伊勢戸徹訳

澄 江 生 物 群 化 石 図 譜
―カンブリア紀の爆発的進化―

16259-2 C3644　　　B 5 判 244頁 本体9500円

バージェスに先立つ中国雲南省澄江(チェンジャン)地域のカラー化石写真集。〔内容〕総論／藻類／海綿動物／刺胞動物／有櫛動物／類線形動物／鰓曳動物／ヒオリテス／葉足動物／アノマロカリス／節足動物／腕足動物／古虫動物／脊索動物

K.A.フリックヒンガー著　小畠郁生監訳
舟木嘉浩・舟木秋子訳

ゾルンホーフェン化石図譜 I

16255-4 C3644　　　B 5 判 224頁 本体14000円

ドイツの有名な化石産地ゾルンホーフェン産出の化石カラー写真集。I 巻ではジュラ紀後期の植物と無脊椎動物化石など約600点を掲載。〔内容〕概説／海綿／腔腸動物／腕足動物／軟体動物／蠕虫類／甲殻類／昆虫／棘皮動物／半索動物

K.A.フリックヒンガー著　小畠郁生監訳
舟木嘉浩・舟木秋子訳

ゾルンホーフェン化石図譜 II

16256-1 C3644　　　B 5 判 196頁 本体12000円

ドイツの有名な化石産地ゾルンホーフェン産出のカラー化石写真集。II 巻では記念すべき「始祖鳥」をはじめとする脊椎動物化石など約370点を掲載。〔内容〕魚類／爬虫類／鳥類／生痕化石／プロブレマティカ／ゾルンホーフェンの地質

張 弥曼他編　小畠郁生監訳　池田比佐子訳

熱 河 生 物 群 化 石 図 譜
―羽毛恐竜の時代―

16258-5 C3644　　　B 5 判 212頁 本体9500円

話題の羽毛恐竜をはじめとする中国遼寧省熱河(ネッカ)産出のカラー化石写真集。当時の生態系全般にわたる約250点を掲載。〔内容〕腹足類／二枚貝／介形虫／エビ／昆虫／魚類／両生類／カメ／翼竜／恐竜／鳥類／哺乳類／植物／胞子と花粉

小畠郁生監訳　池田比佐子訳

恐 竜 野 外 博 物 館

16252-3 C3044　　　A 4 変判 144頁 本体3800円

現生の動物のように生き生きとした形で復元された仮想的観察ガイドブック。〔内容〕三畳紀(コエロフィシス他)／ジュラ紀(マメンチサウルス他)／白亜紀前・中期(ミクロラプトル他)／白亜紀後期(トリケラトプス、ヴェロキラプトル他)

M.ベントン著　北大 小林快次・京大 江木直子・東邦大 昆 健志・北大 河合俊郎訳

ベントン 古脊椎動物学

16272-1 C3044　　　B 5 判 456頁 本体12000円

人類・恐竜を含む脊椎動物の古生物学。原書第3版の翻訳。〔内容〕起源／研究法／顕生代の魚類／初期の両生類／初期の羊膜類／三畳紀の四肢動物／デボン紀以降の魚類／恐竜の時代／鳥類／哺乳類／人類の進化／付録：脊椎動物の分類表／用語集

日本地質学会構造地質部会編

日本の地質構造 100 選

16273-8 C3044　　　B 5 判 180頁 本体3800円

日本全国にある特徴的な地質構造―断層、活断層、断層岩、剪断帯、褶曲層、小構造、メランジュ―を100選び、見応えのあるカラー写真を交え分かりやすく解説。露頭へのアクセスマップ付き。理科の野外授業や、巡検ガイドとして必携の書。

日本古生物学会編

古生物学事典（第2版）

16265-3　C3544　　　　B5判 584頁 本体15000円

古生物学は現生の生物学や他の地球科学とともに大きな変貌を遂げ，取り扱う分野は幅広い。専門家以外の読者にも理解できるように，単なる用語辞典ではなく，それぞれの項目についてまとまりをもった記述をもつ「中項目主義」の事典とし，さらに関連項目への参照を示した「読む事典」として構成。恐竜などの大型化石から目に見えない微化石までの生物，さまざまな化石群，地質学や生物学の研究手法や基礎知識，古生物学史や人物など，日本古生物学会の総力を結集した決定版。

S.パーカー著　小畠郁生監訳

化石の百科事典

16271-4　C3544　　　　A4判 264頁 本体9500円

世界各地の恐竜などの脊椎動物，各種の無脊椎動物，植物，微生物375種をとりあげたオールカラー化石図鑑。約600枚の化石写真と350図の復元図・解説図を掲載。〔内容〕化石／地質年代／産地／化石のできる環境／採集と整理／進化／生きている化石／微化石／植物（藻類，シダ植物，裸子植物，被子植物ほか）／無脊椎動物（サンゴ，三葉虫，甲殻類，昆虫，二枚貝，腹足類，アンモナイト，ウニほか）／脊椎動物（魚類，両生類，爬虫類，恐竜，鳥類，哺乳類）

元筑波大 鈴木淑夫著

岩石学辞典

16246-2　C3544　　　　B5判 916頁 本体38000円

岩石の名称・組織・成分・構造・作用など，堆積岩，変成岩，火成岩の関連語彙を集大成した本邦初の辞典。歴史的名称や参考文献を充実させ，資料にあたる際の便宜も図った。〔内容〕一般名称（科学・学説の名称／地殻・岩石圏／コロイド他）／堆積岩（組織・構造／成分の形式／鉱物／セメント，マトリクス他）／変成岩（変成作用の種類／後退変成作用／面構造／ミグマタイト他）／火成岩（岩石の成分／空洞／石基／ガラス／粒状組織他）／参考文献／付録（粘性率測定値／組織図／相図他）

Th.R.ホルツ著　小畠郁生監訳

ホルツ博士の 最新恐竜事典

16263-9　C3544　　　　B5判 472頁 本体12000円

分岐論が得意な新進気鋭の著者が執筆。31名の恐竜学者のコラムとルイス・レイのイラストを満載。〔内容〕化石／地質年代／進化／分岐論／竜盤類／コエロフィシス／スピノサウルス／カルノサウルス／コエルロサウルス／ティラノサウルス／オルニトミモサウルス／デイノニコサウルス／鳥類／竜脚類／ディプロドクス／マクロナリア／鳥盤類／装盾類／剣竜類／よろい竜類／鳥脚類／イグアノドン／ハドロサウルス／厚頭竜類／角竜類／生物学／絶滅／恐竜一覧／用語解説／他

J.O.ファーロウ・M.K.ブレット-サーマン編
小畠郁生監訳

恐竜大百科事典

16238-7　C3544　　　　B5判 648頁 本体24000円

恐竜は，あらゆる時代のあらゆる動物の中で最も人気の高い動物となっている。本書は「一般の読者が読むことのできる，一巻本で最も権威のある恐竜学の本をつくること」を目的として，専門の恐竜研究者47名の手によって執筆された。最先端の恐竜研究の紹介から，テレビや映画などで描かれる恐竜に至るまで，恐竜に関するあらゆるテーマを，多数の図版をまじえて網羅した百科事典。〔内容〕恐竜の発見／恐竜の研究／恐竜の分類／恐竜の生態／恐竜の進化／恐竜とマスメディア

D.ディクソン著　小畠郁生監訳

恐竜イラスト百科事典

16260-8　C3544　　　　A4判 260頁 本体9500円

子どもから大人まで楽しめる最新恐竜図鑑。フクイラプトルなど世界各地から発見された中生代の生物355種を掲載。〔内容〕恐竜の時代（地質年代，系統と分類，生息地，絶滅，化石発掘）／世界の恐竜（コエロフィシス，プラテオサウルス，ウタツサウルス，ディロフォサウルス，メガロサウルス，ステゴサウルス，リオプレウロドン，ラムフォリンクス，ディロング，ラエリナサウラ，ギガノトサウルス，パラサウロロフス，パラリティタン，トリケラトプス，アンキロサウルス他）

元早大坂　幸恭監訳

オックスフォード辞典シリーズ
オックスフォード 地球科学辞典

16043-7　C3544　　　　A5判 720頁 本体15000円

定評あるオックスフォードの辞典シリーズの一冊"Earth Science (New Edition)"の翻訳。項目は五十音配列とし読者の便宜を図った。広範な「地球科学」の学問分野――地質学，天文学，惑星科学，気候学，気象学，応用地質学，地球化学，地形学，地球物理学，水文学，鉱物学，岩石学，古生物学，古生態学，土壌学，堆積学，構造地質学，テクトニクス，火山学などから約6000の術語を選定し，信頼のおける定義・意味を記述した。新版では特に惑星探査，石油探査における術語が追加された

西村祐二郎編著　鈴木盛久・今岡照喜・
高木秀雄・金折裕司・磯﨑行雄著
基礎地球科学（第2版）

16056-7　C3044　　　　A5判 232頁 本体2800円

地球科学の基礎を平易に解説し好評を得た『基礎地球科学』を，最新の知見やデータを取り入れ全面的な記述の見直しと図表の入れ替えを行い，より使いやすくなった改訂版。地球環境問題についても理解が深まるように配慮されている。

産総研 加藤碵一・名大 山口　靖・環境研 渡辺　宏・
資源・環境観測解析センター 薦田麻子編
宇宙から見た地質
――日本と世界――

16344-5　C3025　　　　B5判 160頁 本体7400円

ASTER衛星画像を活用して世界の特徴的な地質をカラーで魅力的に解説。〔内容〕富士山／三宅島／エトナ火山／アナトリア／南極／カムチャツカ／セントヘレンズ／シナイ半島／チベット／キュプライト／アンデス／リフトバレー／石林／など

加藤碵一・山口　靖・山崎晴雄・
渡辺　宏・汐川雄一・薦田麻子編
宇宙から見た地形

16347-6　C3025　　　　B5判 144頁 本体5400円

ASTER衛星画像で世界の特徴的な地形を見る。〔内容〕ミシシッピデルタ／グランドキャニオン／ソグネフィヨルド／タリム盆地／南房総／日本アルプス／伊勢志摩／長野盆地／糸魚川-静岡構造線／アファー／四川大地震／岩手宮城内陸地震等

◆ 日本地方地質誌〈全8巻〉 ◆
プレートテクトニクス後の地質全体を地方別に解説した決定版

日本地質学会編
日本地方地質誌1
北海道地方
16781-8　C3344　　　　B5判 656頁 本体26000円

北海道地方の地質を体系的に記載。中生代～古第三紀収束域・石炭形成域／日高衝突帯／島弧会合部／第四紀／地形面・地形面堆積物／火山／海洋地形・地質／地殻構造／地質資源／燃料資源／地下水と環境／地質災害と予測／地質体形成モデル

日本地質学会編
日本地方地質誌3
関東地方
16783-2　C3344　　　　B5判 592頁 本体26000円

関東地方の地質を体系的に記載・解説。成り立ちから応用まで，関東の地質の全体像が把握できる。〔内容〕地質概説（地形／地質構造／層序変遷他）／中・古生界／第三系／第四系／深部地下地質／海洋地質／地震・火山／資源・環境地質／他

日本地質学会編
日本地方地質誌4
中部地方
（CD-ROM付）
16784-9　C3344　　　　B5判 588頁 本体25000円

中部地方の地質を「総論」と露頭を地域別に解説した「各論」で構成。〔内容〕【総論】基本枠組み／プレート運動とテクトニクス／地質体の特徴【各論】飛騨／舞鶴／来馬・手取／伊豆／断層／活火山／資源／災害／他

日本地質学会編
日本地方地質誌5
近畿地方
16785-6　C3344　　　　B5判 472頁 本体22000円

近畿地方の地質を体系的に記載・解説。成り立ちから応用地質学まで，近畿の地質の全体像が把握できる。〔内容〕地形・地質の概要／地質構造発達史／中・古生界／新生界／活断層・地下深部構造・地震災害／資源・環境・地質災害

日本地質学会編
日本地方地質誌6
中国地方
16786-3　C3344　　　　B5判 576頁 本体25000円

古い時代から第三紀中新世の地形，第四紀の気候・地殻変動による新しい地形すべてがみられる。〔内容〕中・古生界／新生界／変成岩と変成作用／白亜紀・古第三紀／島弧火山岩／ネオテクトニクス／災害地質／海洋地質／地下資源

日本地質学会編
日本地方地質誌8
九州・沖縄地方
16788-7　C3344　　　　B5判 648頁 本体26000円

この半世紀の地球科学研究の進展を鮮明に記す。地球科学のみならず自然環境保全・防災・教育関係者も必携の書。〔内容〕序説／第四紀テクトニクス／新生界／中・古生界／火山／深成岩／変成岩／海洋地質／環境地質／地下資源

上記価格（税別）は2013年10月現在